高职高专项目导向教材

Photoshop CS6 平面设计实用案例教程

牛永鑫　主　编

化学工业出版社

·北京·

内容提要

本书的编写主要是为了适应高职以任务驱动、项目导向的“教、学、做”一体化的教学改革趋势，在原有平面设计类教材已经突出案例教学的基础上，按照情境任务、任务说明、任务解析、完成效果、设计过程、相关知识、操作技巧、拓展任务等项目化课程体例格式编写，是一部在平面设计领域的SBS（Step by Step）教材，设计过程环节都是一步一图并配以文字说明，特殊情况下还会提醒读者需要注意的地方，做到了图文并茂、直观易读。

本书在教学内容安排上以软件的典型应用为主线，以软件的功能介绍为副线，合理安排案例和知识点；在写作手法上为体现教学情境的真实性，本书安排了两个主要人物，一个叫佟雪（同学的谐音），是贯穿全书的主线人物，另一个叫佳楠（加难的谐音），主要出现在拓展任务（支线任务）中。教学情境任务是以两人的日常生活、学习、工作为背景，任务涵盖了贺卡、平面广告、照片处理、材料封面、日常图像处理、工作图例制作、标识制作等内容。

本书适用于使用Photoshop处理图像的所有专业，可作为职业教育教材、技能培训教材，也可作为图像技术相关专业人员的参考书。

图书在版编目(CIP)数据

Photoshop CS6平面设计实用案例教程/牛永鑫主编.
北京：化学工业出版社，2014.8（2023.8重印）
高职高专项目导向教材
ISBN 978-7-122-21096-8

Ⅰ.①P… Ⅱ.①牛… Ⅲ.①平面设计-图象处理软件-高等职业教育-教材 Ⅳ.①TP391.41

中国版本图书馆CIP数据核字（2014）第141667号

责任编辑：窦　臻　　文字编辑：云　雷
责任校对：徐贞珍　　装帧设计：刘丽华

出版发行：化学工业出版社（北京市东城区青年湖南街13号　邮政编码100011）
印　　装：北京建宏印刷有限公司
787mm×1092mm　1/16　印张9¼　字数225千字　2023年8月北京第1版第7次印刷

购书咨询：010-64518888　　售后服务：010-64518899
网　　址：http://www.cip.com.cn
凡购买本书，如有缺损质量问题，本社销售中心负责调换。

定　　价：27.00元

前言

FOREWORD

Photoshop是Adobe公司旗下最为出名的图像处理软件之一，是集图像扫描、编辑修改、图像制作、广告创意，图像输入与输出于一体的图形图像处理软件，深受广大平面设计人员和电脑美术爱好者的喜爱。

Photoshop的最早公开版本于1990年2月正式发行，在经历了10多年的发展后，Photoshop8.0的官方版本号变更为CS，Photoshop 9.0的版本号则变更为CS2，以此类推，最新版本是Adobe Photoshop CS6。CS是Adobe Creative Suite一套软件中后面2个单词的缩写，代表“创作集合”。

本书以Adobe Photoshop CS6为教学版本，教学情境任务是以我们日常生活、学习、工作为背景，任务涵盖了贺卡、平面广告、照片处理、材料封面、日常图像处理、工作图例制作、标识制作等内容。

本书以工学结合的任务驱动课改模式编制了两类任务活动，分别为主线任务及支线任务。主线任务以佟雪为主角，描写了佟雪在校学习、工作及生活中遇到了各类情境，通过完成不同情境下的任务，借以指导读者掌握或了解PS的使用方法，提高读者的使用技巧；支线任务以佳楠为主角，描写了佳楠在与佟雪的交往中产生的各类活动情境，通过完成拓展任务，借以巩固提高读者在主线任务当中掌握的技术，或弥补在主线任务中没有涉猎的操作技术。在主线任务中，佟雪从最初的只能制作一张简单的贺卡，到最终完成了俱乐部徽标的设计，从一名菜鸟逐步成长成为一名PS高手；在支线任务中，佳楠给佟雪带来了一系列挑战，从一份小广告做起，佟雪历经磨难，直至最终为佳楠设计了学生会的工作证，并付诸实施，得到了所有用户的一致认可。这也预示着我们的读者如果紧随本书的设计思路，耐心学习，必定在自己的学习、工作及生活当中解决一些类似或相关的任务，进而实现成为PS高手的愿望。

本书由辽宁石化职业技术学院牛永鑫副教授任主编，辽宁石化职业技术学院苏庆瑞老师参与了编写。具体分工如下，情境2、4、6、8、9由牛永鑫编写；情境1、3、5、7、10由苏庆瑞老师编写，全书由牛永鑫统稿并审核。

本书在编写过程中，得到渤海大学文理学院李明鸣老师、辽宁石化职业技术学院计算机系孙玉明、田春尧、唐桦、席宁、魏玉书及李想老师的大力支持，在此表示感谢！

本书适用于使用Photoshop处理图像的所有专业，可作为职业教育教材、技能培训教材，也可作为图像技术相关专业人员的参考书。

由于编者水平有限，书中难免存在不足之处，敬请各位同仁与读者批评指正！

牛永鑫

2014年3月

目录

CONTENTS

任务梗概

情境一　认识 Photoshop CS6

任务 1　制作贺卡

教师节到了，佟雪想制作一个贴心的电子贺卡送给辅导员老师。正巧新学期学习了一个超强的图像处理软件 Photoshop，那么让我们一起来制作吧。

拓展任务　小广告

佟雪有个网友叫佳楠，她得知佟雪学会了图片处理，求她帮忙给自己姐姐家的手机店制作一个小广告。

情境二　选区的创建与编辑（上）

任务 2　制作运动会秩序册封面

辅导员老师对佟雪亲手制作的贺卡赞不绝口，便推荐她为学院即将召开的第 7 届田径运动会制作秩序册封面。

拓展任务　儿童简笔画的制作

佳楠的妈妈是幼儿园老师，看到佟雪为佳楠制作的小广告很有用，也要求她帮忙制作一幅儿童教学挂图。

情境三 选区的创建与编辑（下）

任务3 相片处理

佟雪的姑姑有一个非常可爱的宝宝，一天她在电子相册中看到姑姑与宝宝的相片，就想用学过的技术为她们制作一个合成在一起的相片。

拓展任务 照片背景替换

佳楠拍摄了一张操场全景照，由于当天的天气不是很好，效果不是很好，于是她求佟雪帮忙用软件处理下照片。

情境四 图层的应用

任务4 黑白照片变彩照

佟雪是个哈迷（哈利波特的粉丝）。一天她在网上找到一张哈利波特剧中赫敏的扮演者的黑白照片，她想利用已经学会的PS技术，把黑白照片修饰成彩照。

拓展任务 彩照变素描效果黑白照

佳楠看见了佟雪完成的黑白照片变彩照的效果，很是惊艳，突发奇想的要求佟雪再把彩色照片转换成一张素描效果的黑白图片。

情境五　文字应用

任务5　制作立体字

佟雪在浏览好朋友的个人主页时，发现朋友的文字图片很有特点，也想为自己的主页添加一些有个性的文字，让我们学习一些有创意的文字效果吧。

拓展任务　火焰文字

佳楠看到佟雪个人主页更新的文字图片非常喜欢，她找到佟雪，要求为班级的主页也设计一个张扬效果的标题。

情境六　绘图工具

任务6　化工装置流程图制作

佟雪在参加《化工单元操作技术》课程学习的时候，老师要求画出连续精馏装置流程。为了增加流程图的美观度，佟雪决定用Photoshop代替AUTOCAD来画一下。

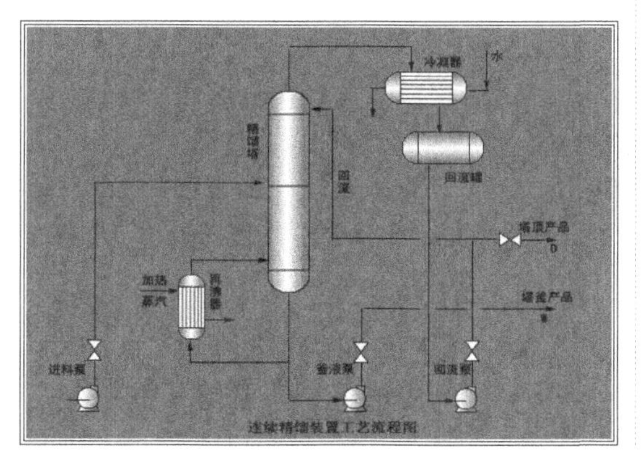

拓展任务　制作太极图

佳楠参加了学院太极拳协会，她请佟雪为协会制作一幅太极图。

情境七　通道应用及图像调整

任务7　安全海报

佟雪在下厂实训期间，看到车间的安全海报已经破旧，她就主动制作了一个安全海报送给车间，得到了企业的表扬。

拓展任务　一寸照

佳楠正在赶制一份电子求职简历，可她只有日常生活照，求佟雪赶紧帮忙制作一份一寸职业工作照。

情境八　滤镜的应用

任务8　禁烟宣传画制作

佟雪制作的安全海报获得了车间师傅的一致好评，适值车间开展禁烟活动，车间主任便把制作禁烟宣传画的任务交给了佟雪。

拓展任务　艺术节宣传海报制作

佳楠所在学院要举行大学生艺术节活动，佳楠是这次艺术节的策划，她让佟雪帮忙设计一个宣传海报。

情境九　路径与蒙版

任务 9　打造神器再塑哪吒

佟雪在网上看到一幅哪吒的图片，觉得图中哪吒的宝物看起来太寒酸了，她要用所学为宝物修饰一下，使它看起来确实像个宝贝！

拓展任务　制作哪吒出世的画面

佟雪向佳楠炫耀了哪吒的新宝物，佳楠告诉佟雪，要是制作出哪吒出世的画面，她才心服口服。

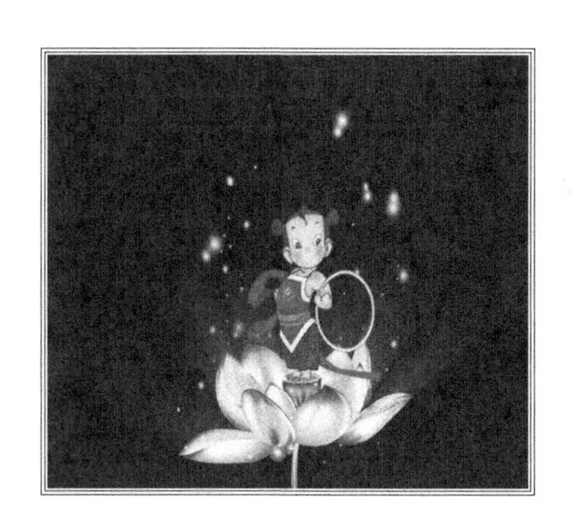

情境十　实战案例

任务 10　标志设计

佟雪参加了石化学院羽毛球协会，会长要求她制作一个协会会标。

拓展任务　制作工作证

佳楠同学担任了学生会主席，她要给学生会制作值日检查用的胸卡，当然这个任务还是交给了她最佩服的佟雪来办。

情境一 认识Photoshop CS6

任务1 制作贺卡

● 任务说明

教师节到了，佟雪想制作一个贴心的电子贺卡送给辅导员老师。正巧新学期学习一个超强的图像处理软件 Photoshop，那么让我们一起来制作吧。

任务要求如下：

➤ 画面要温馨；

➤ 画面中应出现蜡烛、康乃馨等有代表意义的图案；

➤ 画面中应有文字祝福。

● 任务解析

根据任务要求，佟雪找来了以暖色调为主的背景图片，同时又收集了具有代表意义的图片及变形的文字图片，只要简单地把它们合成在一起就成功了。

● 完成效果

设计过程

步骤 1

打开 Photoshop CS6，单击【文件】→【新建】命令，快捷键为 Ctrl + N。新建文档“贺卡”。设置文件属性，宽度：800 像素，高度：500 像素。分辨率为 72 像素/英寸。颜色模式：RGB 颜色。背景内容为白色。

注意：新建文件的快捷键为 Ctrl + N。

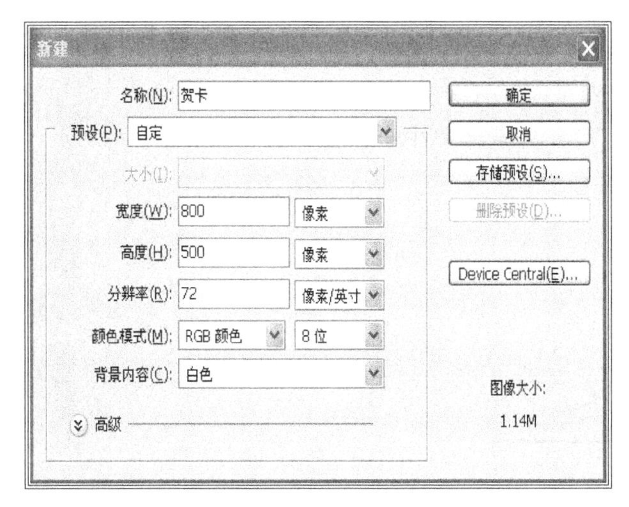

步骤 2

选择菜单栏中【文件】→【打开】，形成“打开”对话框，在“查找范围”下拉列表中选择文件存储的位置，然后选择要打开的文件，单击“打开”按钮，即可打开文件。

注意：打开新文件的快捷键为 Ctrl + O。

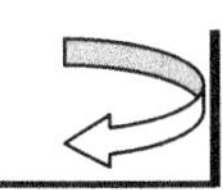

步骤 3

依次将素材图片“贺卡背景”、“蜡烛”、“文字”、“心形”打开。选择菜单栏中【窗口】→【排列】→【四联】将所打开的素材平铺排列，也可将其层叠排列。

注意：按 Ctrl+Tab 组合键可以切换图像窗口。

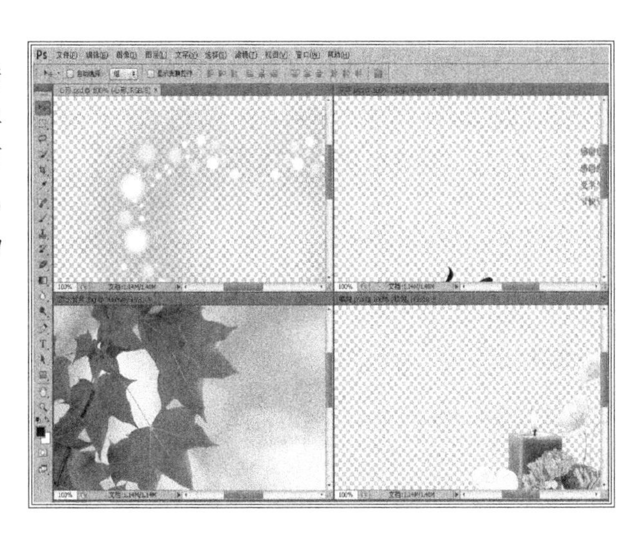

步骤 4

选择【窗口】→【排列】→【使所有内容在窗口中浮动】，将“蜡烛”、“文字”、“心形”素材文件最小化，选择素材图片“贺卡背景”。

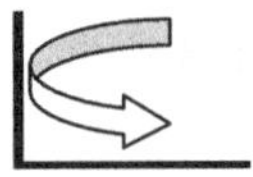

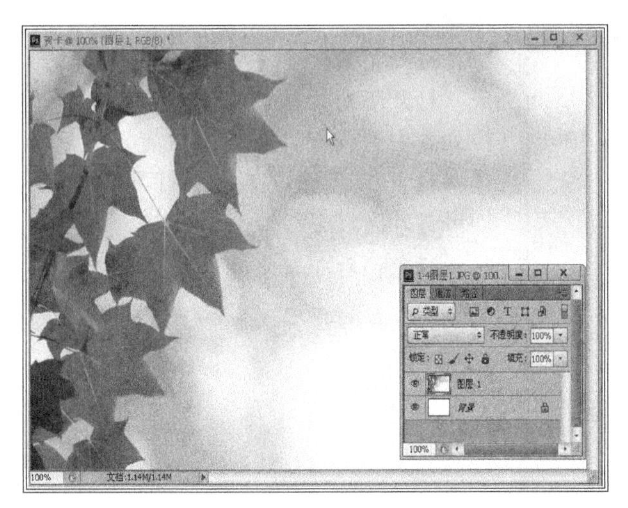

步骤 5

选择移动工具，按住鼠标左键将素材图片拖拽到新建文档中，形成图层1。

注意：拖拽素材图片时也可利用 Ctrl+A 全选→ Ctrl+C 复制图片，切换到新建文档窗口 Ctrl+V 粘贴。

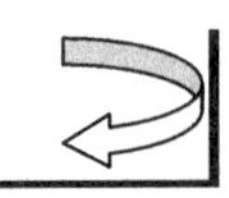

步骤 6

打开素材图片“心形”，使用移动工具，按住鼠标左键将素材图片拖拽到新建文档中，形成图层 2，将图层 2 的素材移动到相应位置。

步骤 7

打开素材图片“蜡烛”，继续利用移动工具，将素材拖拽到新建文件中，放到相应位置。

步骤 8

打开素材图片“文字”，利用移动工具，素材拖拽到新建文档中。并将其移动到相应位置，效果完成。

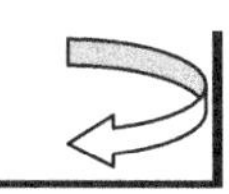

步骤 9

选择菜单栏中【文件】→【存储】，将贺卡文档存储到相应位置。格式为 PSD 文件。

● 相关知识

一、认识 Photoshop CS6 的工作界面

学习 Photoshop CS6 软件时，首先要了解软件的工作界面，如下图所示。

1. 工具箱

工具箱中集合了图像处理过程中使用最频繁的工具，是 Photoshop CS6 中文版中比较重要的功能。执行“窗口-工具”命令可以隐藏和打开工具箱；单击工具箱上方的双箭头可以双排显示工具箱；再单击一次按钮，恢复工具箱单行显示；在工具箱中可以单击选择需要的工具；单击并长按工具按钮，可以打开该工具对应的隐藏工具；工具箱中各个工具的名称及其对应的快捷键，如图所示。

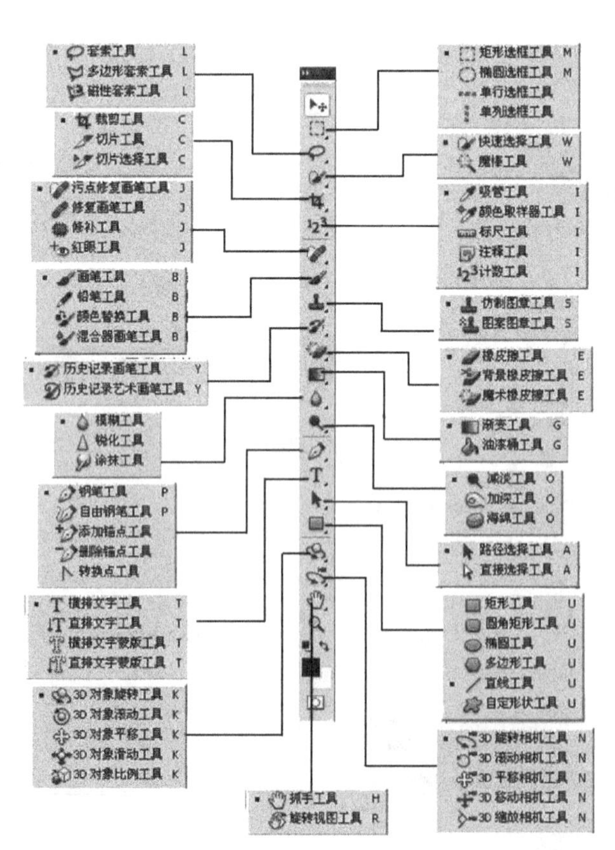

2. 菜单栏

Photoshop CS6 的菜单栏由“文件”、“编辑”、“图像”、“图层”、“文字”、“选择”、“滤镜”、“视图”、“窗口”和“帮助”共 10 类菜单组成，包含了操作时要使用的所有命令。要使用菜单中的命令，只需将鼠标光标指向菜单中的某项并单击，此时将显示相应的下拉菜单。在下拉菜单中上下移动鼠标进行选择，然后再单击要使用的菜单选项，即可执行此命令。

3. 工具属性栏

Photoshop CS6 的工具属性栏提供了控制工具属性的选项，其显示内容根据所选工具的不同而发生变化，选择相应的工具后，Photoshop CS6 的属

性栏（选项栏）将显示该工具可使用的功能和可进行的编辑操作等，属性栏一般被固定存放在菜单栏的下方。

4. 调板组

调板组可以将不同类型的调板归类到相对应的组中并将其停靠在右边调板组中，在处理图像时需要哪个调板只要单击标签就可以快速找到相对应的调板从而不必再到菜单中打开。Photoshop CS6 版本在默认状态下，只要执行“菜单/窗口”命令，可以在下拉菜单中选择相应的调板，之后该调板就会出现在调板组中。

二、像素、图像尺寸与分辨率

1. 像素

像素是指图像是由一个个点组成的，这每一个点就是一个像素。

2. 图像尺寸

图像尺寸是指图像的高度和宽度。如果图像用于显示，可将其单位设置成像素；如果图像用于印刷，可将其单位设置成厘米或毫米。

3. 图像分辨率

分辨率是指显示或打印图像时，在每个单位上显示或打印的像素数，通常以“像素/英寸”来衡量。一般情况下，若图像仅用于显示，可将其分辨率设置为默认 72 像素/英寸；若将图像用于印刷输出，则应将其分辨率设置为 300 像素/英寸或更高。

4. 颜色模式

颜色模式决定了如何描述和重现图像的色彩。同一种文件格式可以支持一种或多种颜色模式。常用的颜色模式有：RGB、CMYK、灰度、位图、多通道、Lab、双色调和索引颜色模式。

三、存储与文件格式

1.“存储为”命令

当用户对已有文件编辑后，如果不希望将原文件覆盖，可以选择“文件”>“存储为”菜单，或按【Shift＋Ctrl＋S】组合键，在打开的“存储为”对话框中重新定义文件名称和存储位置即可。

2. 文件格式

图像文件格式即计算机中存储图像文件的方法，不同的格式代表不同的图像信息，而每一种格式都有它的特点和用途，常用的图像文件格式有：PSD、JPEG、TIFF、BMP、GIF。

● 操作技巧

• 在 Photoshop 工作界面中，要隐藏工具箱和所有调板，只需按【Tab】键即可。再次按【Tab】键将重新显示工具箱和所有调板。

• 当前图像窗口未处于最大化状态时，将光标放在图像窗口标题栏上，按下鼠标左键并拖动即可移动图像窗口的位置。

• 要调整图像窗口的尺寸，用户可以利用图像窗口右上角的“最小化”按钮 和“最大化”按钮，还可通过将光标置于图像窗口边界拖动鼠标来进行调整。

拓展任务　小广告

● 任务说明

佟雪有个网友叫佳楠，她得知佟雪学会了图片处理，求她帮忙给自己姐姐家的手机店制作一个小广告。要求如下：

1. 画面色彩要靓丽，以火红色为主；
2. 画面要有文字和手机礼包图像的结合；
3. 画面简约、时尚。

● 完成效果

● 任务攻略

步骤 1：新建一个宽度 17 厘米、高度 21 厘米，分辨率为 72 像素的文件。

步骤 2：设置前景色为红色，【Alt＋Del】填充前景色。

步骤 3：打开素材图片“水印”，用移动工具将其拖拽到新建文档中。

步骤 4：打开素材图片“礼花”，选择裁剪工具，将其红色边缘裁剪掉，保留透明区图像。用移动工具将其拖拽到新建文档中，移动到相应位置。

步骤 5：打开素材图片“手机礼包”，用移动工具将其拖拽到新建文档中，并移动到相应位置。

步骤 6：打开素材图片“文字”，利用移动工具将其拖拽到新建文档中，并移动到相应位置

步骤 7：将文件保存为 JPEG 格式，命名为手机广告。

情境二 选区的创建与编辑（上）

任务 2　制作运动会秩序册封面

任务说明

辅导员老师对佟雪亲手制作的贺卡赞不绝口，便推荐她为学院即将召开的第7届田径运动会制作秩序册封面。

任务要求如下：

1. 画面给人以欢快向上的力量；
2. 画面以运动会为主题；
3. 画面简洁、生动、美观；
4. 画面分左右两版，便于对折、骑马装订。

任务解析

按照任务要求，佟雪决定选用以红、黄为主色调的背景图片，再点缀黄色的杜鹃花串，巧妙地搭配运动员的剪影，从而烘托出运动会欢快向上的气息，使整张画面生动形象美观。

完成效果

● 设计过程

步骤 1

打开 Photoshop ，单击【文件】→【打开】，在弹出的窗口中，选择运动会背景文件，单击 打开 按钮。

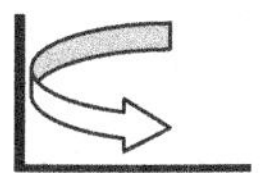

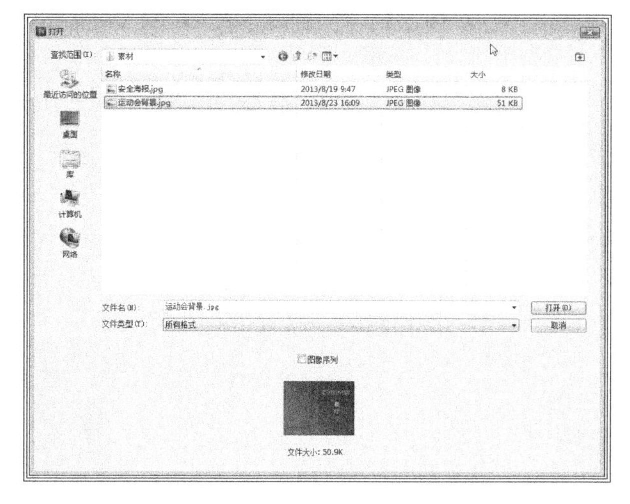

步骤 2

在标尺栏左侧拖拽出一根纵向参考线，放置在页面中间位置。

步骤 3

使用画笔工具，单击属性栏上画笔旁边的黑三角，在弹出窗口中单击，下拉菜单中选择【特殊效果画笔】，点击 确定 按钮；选择杜鹃花串画笔，笔头设置为 30px，前景色设置为黄色（#e1e90a），背景色设置为白色，在页面右上方及左下方轻点，形成对角漂亮的花丛效果。

步骤 4

使用画笔工具，单击属性栏上画笔旁边的黑三角，在弹出窗口中单击，下拉菜单中选择【混合画笔】，点击确定按钮；选择【星形-大】画笔，设置笔头大小为30px，前景色设置为黄色（#e1e90a），不透明度为50%，流量为100%，在页面右上方轻点一下，画出一颗星星。

步骤 5

重复步骤4，设置不同的笔头大小，不同的前景色，不同的透明度，在不同的地点多画几颗星星。

步骤 6

选择选框工具，点击椭圆选框工具，画出一个椭圆，在属性栏上点击，再用多边形套索工具，添加的简单图形，勾勒出投掷标枪手的身形，使用吸管工具，在画面右上角深红色区域点一下，选取新的前景色，按Alt+Delete填充前景色。

步骤 7

重复步骤 6，在画面右下角，画出跑步健将的身形，填充枣红色。

步骤 8

点击矩形选框工具，在页面左侧上方画出一个矩形选区；单击渐变工具，在属性栏上选择对称渐变工具，勾选方向，前景色设为浅红色（♯ fe2b00），背景色设为白色，在矩形选区中间位置向一边拖拽，画出渐变。

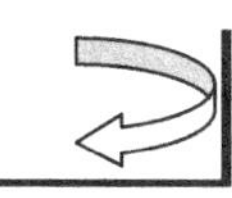

步骤 9

多次重复步骤 6，在矩形渐变区域内画出 6 个不同运动人物的剪影，填充浅红色（♯ b91a04）。完成设计任务。

● 相关知识

一、选框工具

Photoshop 的选框工具内含四个工具，它们分别是矩形选框工具、椭圆选框工具、单行选框工具、单列选框工具，选框工具允许选择矩形、椭圆形以及宽度为 1 个像素的行和列。默认情况下，从选框的一角拖移选框。这个工具的快捷键是字母 M。

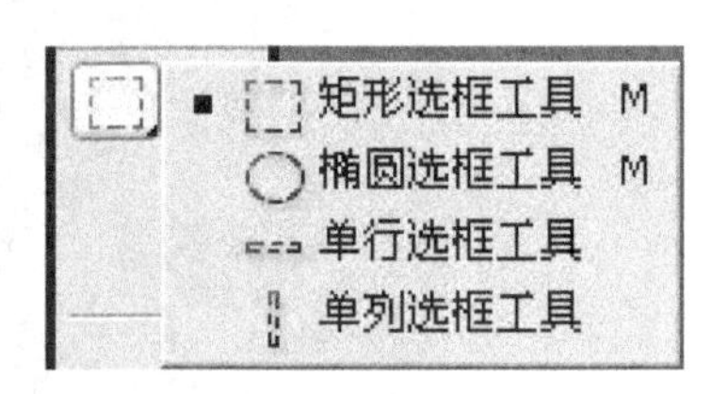

1. 矩形选框工具、椭圆选框工具

使用矩形选框工具，在图像中确认要选择的范围，按住鼠标左键不松手来拖动鼠标，即可选出要选取的选区。椭圆选框工具的使用方法与矩形选框工具的使用方法相同。

2. 单行选框工具、单列选框工具

使用单行或单列选框工具，在图像中确认要选择的范围，点击鼠标一次即可选出一个像素宽的选区，对于单行或单列选框工具，在要选择的区域旁边点按，然后将选框拖移到确切的位置。如果看不见选框，则增加图像视图的放大倍数。

3. 选框工具的属性栏介绍

选框工具的属性栏各部位如图 2-1 所示。

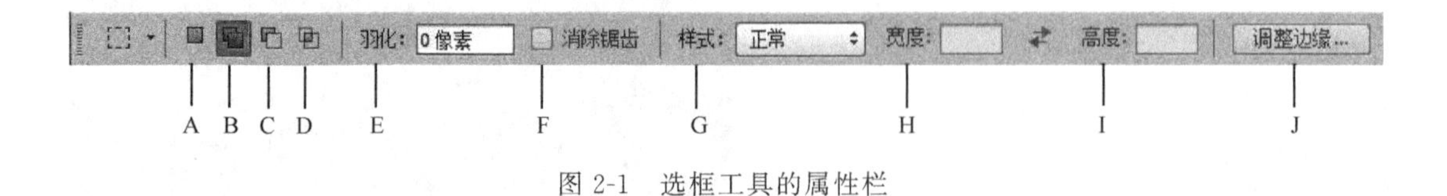

图 2-1 选框工具的属性栏

选框工具的属性栏各部位名称及功能用法汇总表见表 2-1。

表 2-1 选框工具属性栏功能和用法

部位	名称	功能和用法
A	新选区	可以创建一个新的选区
B	添加到选区	在原有选区的基础上，继续增加一个选区，也就是将原选区扩大
C	从选区减去	在原选区的基础上剪掉一部分选区
D	与选区交叉	执行的结果，就是得到两个选区相交的部分
E	羽化	实际上就是选区的虚化值，羽化值越高，选区越模糊
F	消除锯齿	消除锯齿只有在选择椭圆选框工具时才可用，作用是使选区的边缘平滑
G	样式	对于矩形选框工具、圆角矩形选框工具或椭圆选框工具，在选项栏中选取一个样式 **正常**—通过拖动确定选框比例。 **固定比例**—设置高宽比。输入长宽比的值（十进制值有效）。 **固定大小**—为选框的高度和宽度指定固定的值。输入整数像素值
H	宽度	当在样式中选择固定比例或固定大小时，可以有效输入比例值或整数像素值
I	高度	
J	调整边缘	调整边缘是专门为选区增加的一个精确调整工具。创建选区后，属性栏的“调整边缘”会被激活。这个工具在抠图中应用非常广泛，尤其在抠有发丝的人物图片的时候，通过一些简单的设置，可以提取图片中细小的发丝，增加抠出图片的细节。 设置面板有四个大的区块：视图模式、边缘检测、调整边缘、输出。通过这些设置，可以更为灵活地提取图片局部或整体中想要的细节
工具效果示例图		新选区　添加到选区　从选区减去　与选区交叉

二、套索工具

Photoshop 的套索工具内含三个工具，它们分别是套索工具、多边形套索工具、磁性套索工具，套索工具是最基本的选区工具，在处理图像中起着很重要的作用。这个工具的快捷键是字母 L。

1. 套索工具

它适合用于制作不规则选区，按住鼠标左键沿着主体边缘拖动，就会生成没有锚点（又称紧固点）的线条。只有线条闭合后才能松开左键，否则首尾会自动闭合。这种不能松手的方式用起来很不顺手，其实它更适合用于选取某一局部而后对其进行操作。

2. 多边形套索工具

它对于绘制选区边框的直边线段十分有用。用鼠标左键沿主体边缘边前进边单击，就会产生一个个直线相连的锚点，当首尾连接时，鼠标符号多了个圆点，这最后一次单击即产生闭合选区。首次建立选区时按住 Shift 键可约束画线的角度为水平、垂直及 45°。

3. 磁性套索工具

磁性套索工具可以用在图像中选区不规则的但其图形颜色与背景色反差较大的图形。用鼠标左键单击起点，再沿主体边缘移动鼠标，会产生自动识别边缘的一个个相连的锚点。首尾相遇时双击左键，闭合选区产生。它适合用于制作边界明显的选区。磁性套索工具不可用于 32 位通道图像。

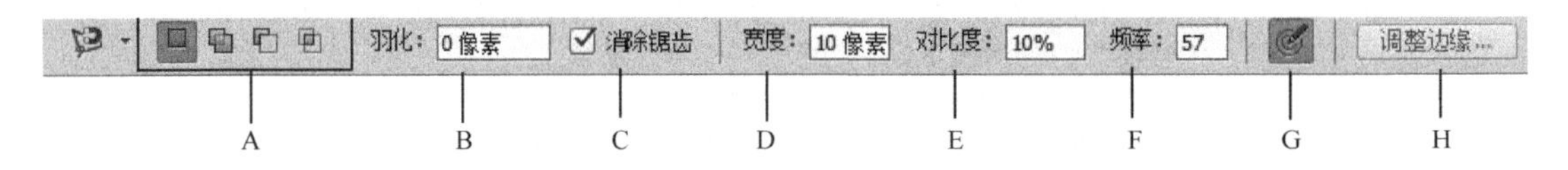

部位	名称	功能和用法
A	选择方式	使用方法和原理与【选框工具】介绍的一样，这里就不再赘述了
B	羽化	取值范围在 0～250，可羽化选区的边缘，数值越大，羽化的边缘越大
C	消除锯齿	使选区的边缘平滑
D	宽度	取值范围在 1～256，可设置一个像素宽度，一般使用的默认值为 10
E	边对比度	取值范围在 1～100，它可以设置"磁性套索"工具检测边缘图像灵敏度。如果选取的图像与周围图像间的颜色对比度较强，那么就应设置一个较高的百分数值。反之，输入一个较低的百分数值
F	频率	取值范围在 0～100，它是用来设置在选取时关键点创建的速率的一个选项。数值越大，速率越快，关键点就越多。当图的边缘较复杂时，需要较多的关键点来确定边缘的准确性，可采用较大的频率值，一般使用默认的值 57。 在使用的时候，可以通过退格键或"Delete"键来控制关键点
G	使用绘图板压力以更改钢笔宽度	用来设置绘图板的笔刷压力。只有安装了绘图板和相关驱动才有效，勾选此项套索的宽度变细
H	调整边缘	用套索工具选择了一块选区，使用调整边缘功能，可以把选取的范围边缘修整得平滑或者半透明，还可以扩大或者缩小一点选取范围，避免选取的部分图像边缘别扭生硬

三、吸管工具

吸管工具属于信息工具，信息工具还包括颜色取样器工具和度量工具。这三个工具从不同的方面显示了光标所在点的信息 ，这个工具的快捷键是字母 I。

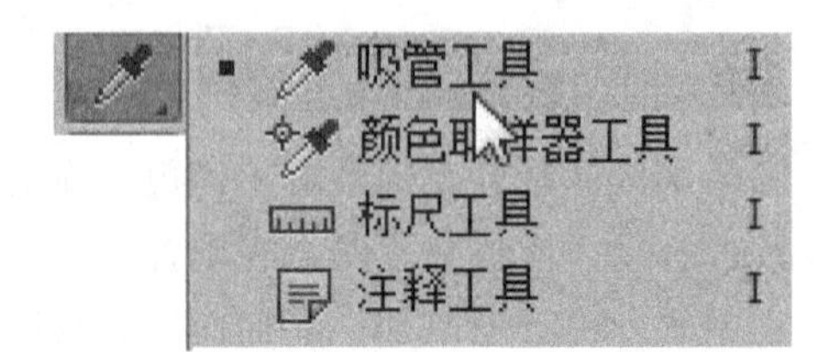

组内工具	名称	功能和用法
	吸管工具	可以在图像或调板中吸取颜色。用工具箱中的吸管工具，选中图像中的某一位置单击，则下面的颜色变为当前色；如果同时按住 Alt 键，则鼠标下的颜色变为背景色。可以在工具栏上点取样大小右边的三角形按钮，取样点表示当前取样的颜色即为所要颜色，其余表示多少像素区域内的平均值的色彩取样范围
	颜色取样器工具	颜色取样器一般用来比较多个地方的颜色。这其实也是它的主要用途，就是在调整图像时监测几个地方（如高光部分、暗调部分）的颜色，这样通过它们的数据就可以避免这些地方的颜色被过度调整（主要原理就是阴影、高光、中灰调的色彩得到平衡，不溢出）。取样器工具最多可取 4 处，颜色信息将显示在信息调板[F8]中。可使用取样器工具来移动现有的取样点。如果切换到其他工具，画面中的取样点标志将不可见，但信息调板中仍有显示 选项栏中更改取样大小。“取样点”代表以取样点处那一个像素的颜色为准。3×3 平均和 5×5 平均表示以采样点四周 3×3 或 5×5 范围内像素的颜色平均值为准。CS6 采样点最多达到 101×101
	标尺工具	可以度量图像中任意两点间的距离、位置和角度，在测量图像时，具体信息会显示在“信息”调板中 “X”、“Y”用于显示测量线的起始坐标位置 “W”、“H”分别用于显示在 X 轴和 Y 轴上的移动距离 “A”用于显示轴测量的角度 “L”用于显示当前测量移动的距离 清除：单击该按钮，可以清除当前绘制的所有测量线
	注释工具	用来协同制作图像。做好一部分的处理后，需要让别人来处理另一部分的工作，在图像上需要处理的部分添加注释，内容写上要处理效果，然后保存。把图发给对方后打开图就能看到你添加的注释，就知道该怎么继续处理。要删除注释就是在注释上点右键，然后有“删除注释”选项，要删掉所有注释就选“删除所有批注”

四、魔棒工具

魔棒工具是 Photoshop 中一个有趣的工具，它可以帮助大家方便地制作一些轮廓复杂的选区。该工具可以把图像中连续或者不连续的颜色相近的区域作为选区的范围，以选择颜色相同或相近的色块。魔棒工具使用起来很简单，只要用鼠标在图像中点击一下即可完成操作。

魔棒工具的属性栏中包括：选择方式、容差、消除锯齿、连续的和用于所有图层。

部位	名称	功能和用法
A	选择方式	使用方法和原理与【选框工具】介绍的一样，这里就不再赘述了
B	取样大小选框	“取样点”代表以取样点处那一个像素的颜色为准。3×3 平均和 5×5 平均表示以采样点四周 3×3 或 5×5 范围内像素的颜色平均值为准。CS6 采样点最多达到 101×101
C	容差	用来控制【魔棒工具】在识别各像素色值差异时的容差范围。可以输入 0～255 之间的数值，取值越大容差的范围越大；相反取值越小容差的范围越小 容差选项是最常用到的选项，它能够有效地控制魔棒工具的选择灵敏度
D	消除锯齿	用于消除不规则轮廓边缘的锯齿，使边缘变得平滑
E	连续	通过勾取“连续”来决定选取是否只选与选击点连续的像素区
F	用于所有图层	如果该项被选中，则选区的识别范围将跨越所有可见的图层。如果不选，魔棒工具只在当前应用的图层上识别选区
G	调整边缘	用魔棒工具选择了一块选区，使用调整边缘功能，可以把选取的范围边缘修整得平滑或者半透明，还可以扩大或者缩小一点选取范围，避免选取的部分图像边缘别扭生硬

五、画笔工具

画笔工具可以通过不同大小的像素和虚实效果调整出不同粗细、不同软硬程度、不同形状的线条，一般都有预置的笔刷素材，有软边及硬边的区别和各种样式。

画笔工具的属性栏如下图所示：

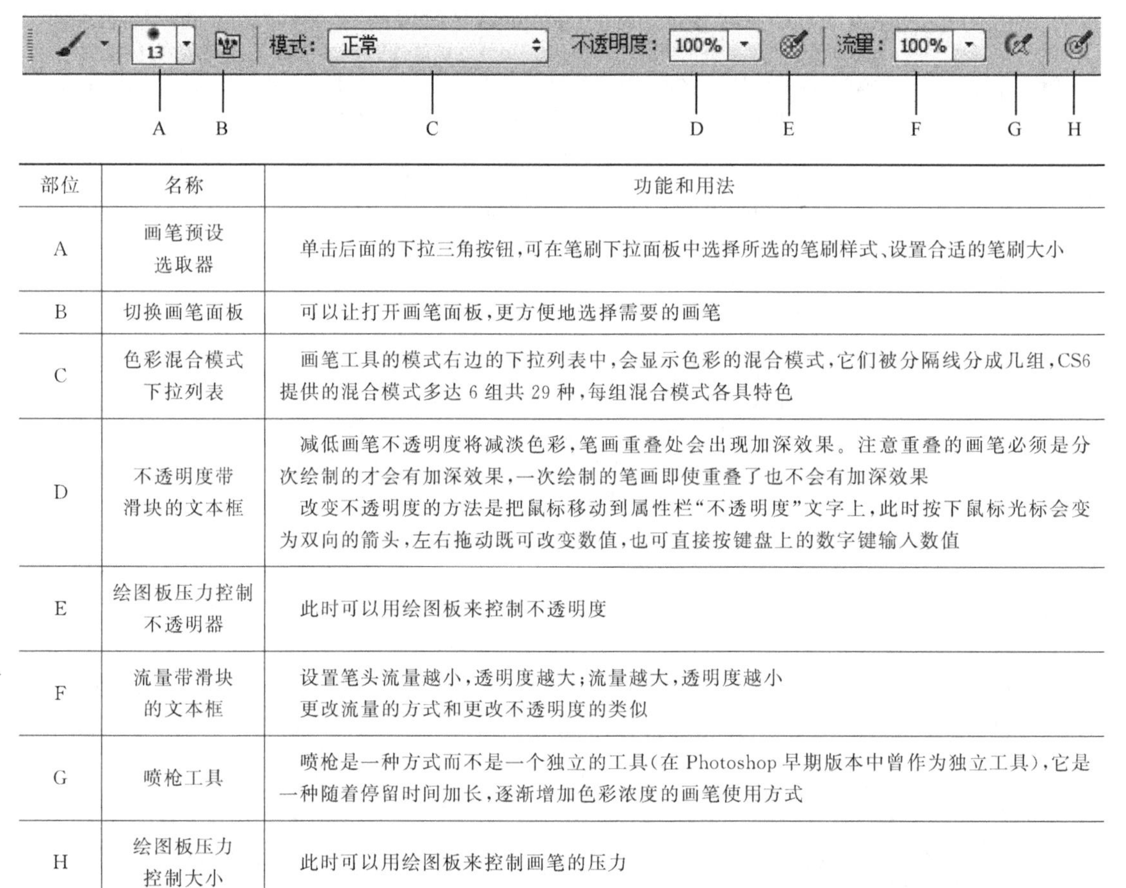

部位	名称	功能和用法
A	画笔预设选取器	单击后面的下拉三角按钮，可在笔刷下拉面板中选择所选的笔刷样式、设置合适的笔刷大小
B	切换画笔面板	可以让打开画笔面板，更方便地选择需要的画笔
C	色彩混合模式下拉列表	画笔工具的模式右边的下拉列表中，会显示色彩的混合模式，它们被分隔线分成几组，CS6提供的混合模式多达6组共29种，每组混合模式各具特色
D	不透明度带滑块的文本框	减低画笔不透明度将减淡色彩，笔画重叠处会出现加深效果。注意重叠的画笔必须是分次绘制的才会有加深效果，一次绘制的笔画即使重叠了也不会有加深效果 改变不透明度的方法是把鼠标移动到属性栏“不透明度”文字上，此时按下鼠标光标会变为双向的箭头，左右拖动既可改变数值，也可直接按键盘上的数字键输入数值
E	绘图板压力控制不透明器	此时可以用绘图板来控制不透明度
F	流量带滑块的文本框	设置笔头流量越小，透明度越大；流量越大，透明度越小 更改流量的方式和更改不透明度的类似
G	喷枪工具	喷枪是一种方式而不是一个独立的工具(在Photoshop早期版本中曾作为独立工具)，它是一种随着停留时间加长，逐渐增加色彩浓度的画笔使用方式
H	绘图板压力控制大小	此时可以用绘图板来控制画笔的压力

注意：画笔工具组中还有铅笔工具，相对于画笔工具而言，铅笔工具就显得单调许多，只能通过像素大小的设置绘制出不同组细的“硬边”线条。使用画笔工具画出的线条边缘很柔和，哪怕是用硬边画笔，边缘也不会有锯齿，而用铅笔工具画出的线条会显得生硬，一般线条的边缘会有锯齿出现。

六、渐变工具

使用渐变工具可以创造出多种效果，使用时，首先选择好渐变方式和渐变色彩，用鼠标在图像上单击起点，拖拉后再单击终点，这样一个渐变就做好了，可以用拖拉线段的长度和方向来控制渐变效果。

渐变工具的属性栏如下图所示：

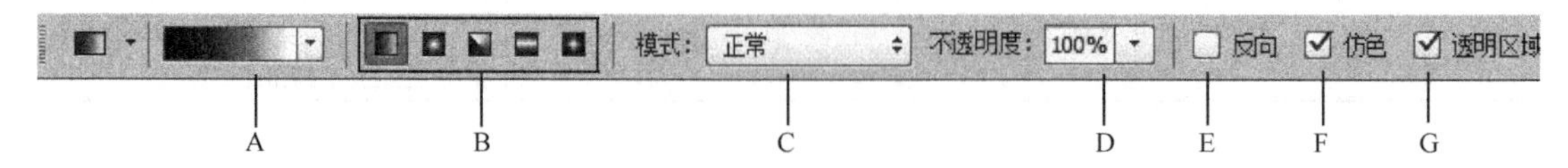

部位	名称	功能和用法
A	渐变编辑器	双击条状色彩会出现 Gradient Editor 对话框。A：不透明度终点；B：开始的颜色；C：不透明度；D：色彩；E：中间的色彩；F：位置；G：位置；I：结束；H：不透明度终点
B	渐变填充方式	从左至右分别是线性渐变、径向渐变、角度渐变、对称渐变和菱形渐变
C	模式	用于设置填充的渐变颜色与其下面的图像如何混合，各选项与画笔或图层混合模式的作用相同
D	不透明度	用于设置填充渐变颜色的透明程度
E	反向	勾选该复选框可以使绘制的渐变图案反向
F	仿色	勾选此项会使渐变更平滑
G	透明区域	只有勾选此项，不透明度的设定才会生效

注意：油漆桶工具和渐变工具都是色彩填充工具，但其填充方式不同。

油漆桶工具就是指用来填充前景色或图案，其中上面的属性栏中左边的填充是指填充的内容是前景色还是图案，其右侧的另外的一个图案属性，就是选择你想填充的图案，右边的容差范围就是指你选择的容差值越大，油漆桶工具允许填充的范围就越大，它的使用非常简单，先在左边选好你想填充的颜色，然后再填充到你想填充的图形。

● 操作技巧

1. 在使用套索工具勾画选区的时候按 Alt 键可以在套索工具和多边形套索工具间切换。

2. 使用选框工具的时候，按住 Shift 键可以划出正方形和正圆的选区；按住 Alt 键将从起始点为中心勾画选区。

3. 使用“重新选择”命令 Ctrl + Shift + D 来载入/恢复之前的选区。

4. 当你用选框工具拉出一个选框以后，如果你想改变这个选框的大小，可以按快捷键 CTRL＋T，对当前选框进行自由变换操作。

5. 在缩放或复制图片之间先切换到快速蒙版模式，可保留原来的选区。

6. 扩大选区：拉出一个选框，可以通过菜单栏中的“选择-修改-扩展”，在弹出的对话框中输入需要的参数。

7. 缩小选区：拉出一个选框，可以通过菜单栏中的“选择-修改-收缩”，在弹出的对话框中输入需要的参数。

8. 选框范围的旋转和翻转：通过菜单栏中的“选择-变换选区”命令，再通过“编辑-变换”中的进行 90°、180°或水平、垂直翻转。

9. 利用工具栏控制选取范围的变换：在变换选取范围后出现在工具栏上的一些设置，参考点位置、参考点水平、垂直位置等。

10. 勾画选区的时候按住空格键可以移动正在勾画的选区。众所周知按住 Shift 或 Alt 键可以增加或修剪当前选区，但你是否知道同时按下 Shift 和 Alt 键勾画可以选取两个选区中相交的部分呢？

拓展任务　儿童简笔画的制作

任务说明

佳楠的妈妈是幼儿园老师，看到佟雪为佳楠制作的小广告很有用，也要求她帮忙制作一幅儿童教学挂图。她的要求如下：

1. 画面由小房子、树木、小鸡、水塘、栅栏、太阳、小路、炊烟、草地、蓝天等图形组成；

2. 画面色彩艳丽，构图简单；

3. 画面为单幅矩形。

完成效果

任务攻略

步骤1：新建1个800像素×600像素的文件。

步骤2：使用矩形选框工具，在页面下端画出一个矩形选区，填充绿色。

步骤3：使用反选工具，填充蓝色，取消选区。

步骤4：使用矩形选框工具，在画面中间位置画一个矩形，填充黄色，做为房子的主体。

步骤5：继续使用矩形选框工具，在房体的中间画一个矩形选区，填充蓝色，作为房门。

步骤6：参照步骤5，在房门两侧画两个窗户。

步骤7：使用多边形套索工具，在房体上画出房顶的形状，填充粉色。

步骤8：使用矩形选框工具，在房顶上画出一个矩形，填充黑色，作为烟囱。

步骤9：使用套索工具，选择添加到选区模式，在烟囱上方画出一串不规则圆形选区，填充白色，做为炊烟。

步骤 10：使用套索工具，在房体下方画出一条小路，填充褐色。

步骤 11：使用套索工具，在画面左侧绿地范围内画出一个不规则圆形选区，填充蓝色，作为水池。

步骤 12：使用矩形选框工具，采用“添加到选区”模式，在页面下端两侧，画出栅栏，填充白色。

步骤 13：使用套索工具，在房子左侧，绿色区域上端，画出一个不规则椭圆形，填充绿色，作为树冠。

步骤 14：使用多边形套索工具，在树冠上画出树枝形状，填充褐色，作为树干。

步骤 15：重复步骤 14，在房子的右侧画出 2 棵树。

步骤 16：使用套索工具，在画面左上角画出太阳的光晕形状，填充黄色。

步骤 17：使用椭圆套索工具，在光晕里面画出一个圆形，填充红色，做为太阳。

步骤 18：使用椭圆套索工具，在太阳区域里面画出一个圆形，填充黑色，做为眼睛。

步骤 19：继续使用椭圆套索工具，采用“从选区减去”模式，画出眼仁形状，填充白色。

步骤 20：重复步骤 18、19，画出太阳的另外一只眼睛。

步骤 21：使用椭圆套索工具，采用“从选区减去”模式，画出太阳的嘴形，填充白色。

步骤 22：使用画笔工具，笔头大小为 2px，笔尖形状为“硬边机械”，在房子左侧水塘旁边画出一只小鸡的形状。

步骤 23：重复步骤 22，再画一只不同姿势的小鸡。

步骤 24：使用魔棒工具，选出小鸡的鸡身区域，填充白色。

最终效果见完成效果图。

情境三

选区的创建与编辑（下）

任务3　相片处理

任务说明

佟雪的姑姑有一个非常可爱的宝宝，一天她在电子相册中看到姑姑与宝宝的相片，就想用学过的技术为她们制作一个合成在一起的相片。

任务要求如下：

➤ 画面要体现出母子心连心的效果；

➤ 画面的色调干净、阳光；

➤ 相片的边缘要融合到画面中。

任务分析

根据要求，佟雪决定将姑姑和宝宝的相片以“心”形状进行拼接，画面以蓝色为背景，加以图案点缀。

完成效果

设计过程

步骤 1

打开素材图片“心形背景”，在形状1图层上方新建图层1。

选中图层1，按住Ctrl键单击形状1图层的缩览图，创建出形状1图像中的心形选区。

注意：按住Ctrl键的同时，单击图层缩览图，就可创建出当前图层的选区。

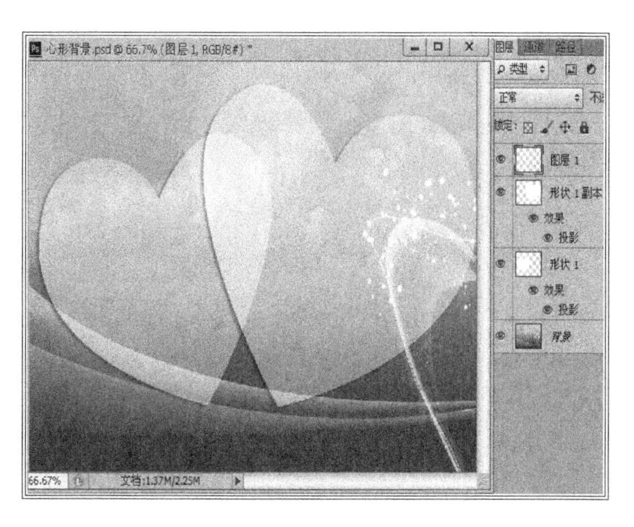

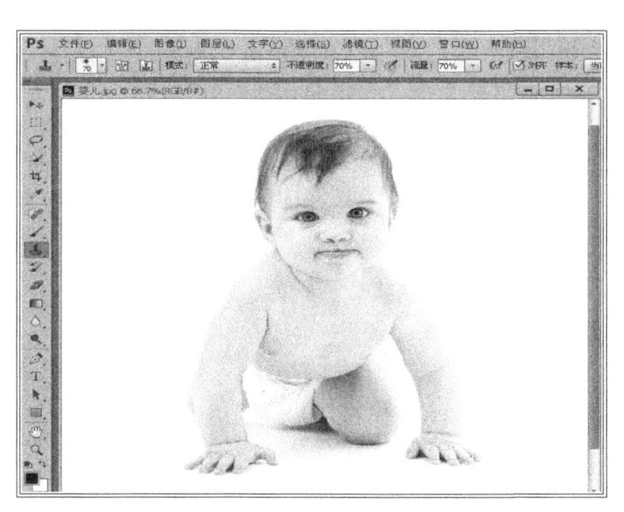

步骤 2

打开素材图片“婴儿”。选择仿制图章工具，将属性栏中画笔设置为柔边圆，大小为70，不透明度设置为70%、流量70%，其他默认。按住Alt键，鼠标左键单击，选择仿制图像的中心点。

步骤 3

切换到心形背景文件，将光标移动到图层1选区中的相应位置，按住鼠标左键进行涂抹，将人物的图像复制到心形选区中。

注意：重复涂抹可将图像更加清晰化。

步骤 4

新建图层 2，按住Ctrl键单击形状1副本图层的缩览图，创建出另一个心形选区。

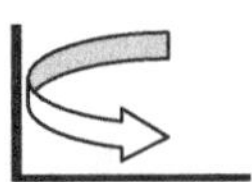

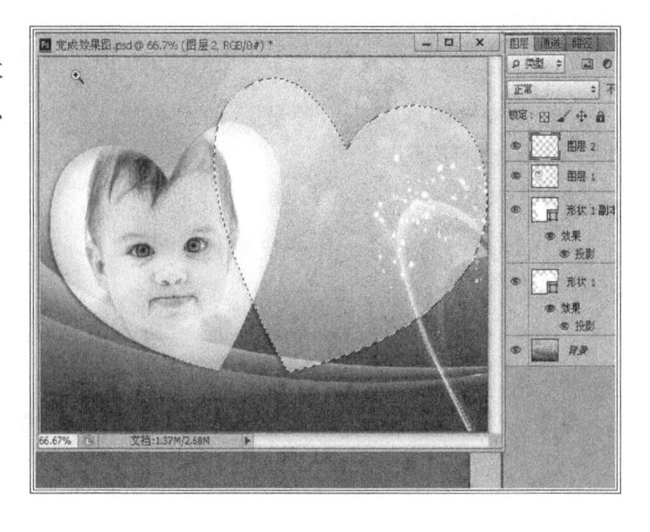

步骤 5

打开素材图片“母亲”。利用缩放工具将“母亲”图像面部放大。

注意：选择缩放工具，按住Alt键，左键点击画面可进行画面缩小，Ctrl+数字0可恢复到100%比例显示。

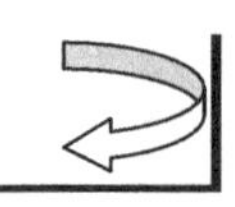

步骤 6

选择污点修复画笔工具，在属性栏中设置画笔大小为10，类型为近似匹配。将光标移动到面部污点处点击鼠标左键。

步骤 7

选择仿制图章工具，将素材图像“母亲”复制到图层 2 的心形选区中。

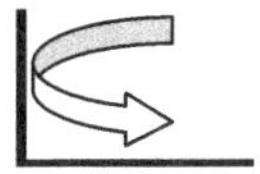

步骤 8

选择橡皮擦工具，设置画笔大小为 120 柔边圆，不透明度为 50%，流量为 50%。分别擦抹图层 1、图层 2 图像中的边缘，将画面与背景融合。

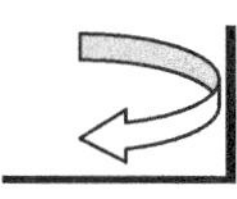

步骤 9

打开素材图片“花纹”，用移动工具将花纹拖拽到新建文件中，形成花纹图层。选择【菜单栏】中的【自由变换】命令，改变花纹图像的大小及方向，Enter键确定，移动到合适位置。

注意：自由变换命令快捷键为 Ctrl + T

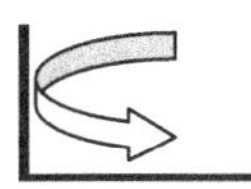

步骤 10

选择移动工具，按住 Alt 键，左键拖拽“花纹”图层，复制出“花纹”副本图层。

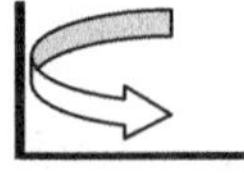

步骤 11

利用【自由变换】命令将其方向改变，移动到右下方。

步骤 12

选择【文件】→【储存为】，将文件保存为 JPEG 格式。

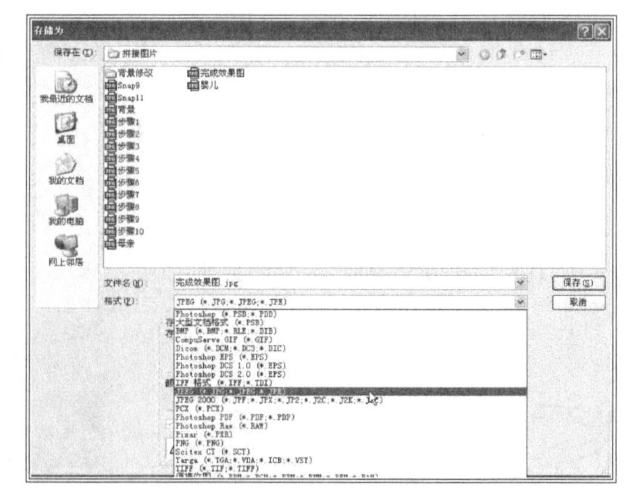

相关知识

一、图章工具

Photoshop CS6 工具箱“仿制图章工具”

Photoshop CS6 仿制图章工具可以将一幅图像的选定点作为取样点，将该取样点周围的图像复制到同一图像或另一幅图像中。仿制图章工具也是专门的修图工具，可以用来消除人物脸部斑点、背景部分不相干的杂物、填补图片空缺等。使用方法：选择这款工具，在需要取样的地方按住 Alt 键取样，然后在需要修复的地方涂抹就可以快速消除污点等，同时也可以在 Photoshop CS6 属性栏调节笔触的混合模式、大小、流量等更为精确的修复污点。

Photoshop CS6“图案图章工具”

Photoshop CS6 图案图章工具有点类似图案填充效果，使用工具之前需要定义好想要的图案，然后适当设置好 Photoshop CS6 属性栏的相关参数，如：笔触大小、不透明度、流量等。然后在画布上涂抹就可以出现想要的图案效果。绘出的图案会重复排列。

二、Photoshop CS6 污点修复画笔工具

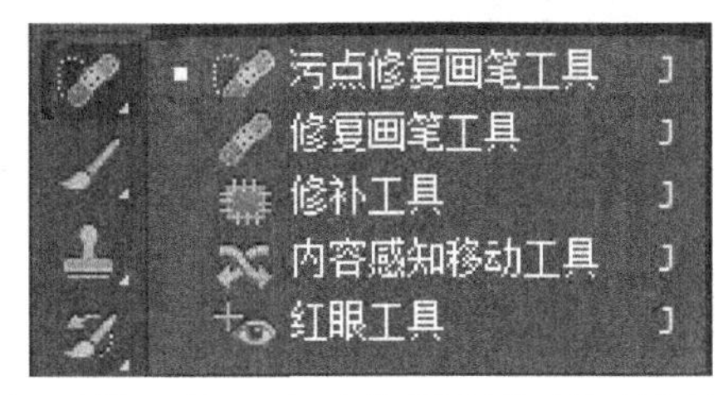

Photoshop CS6 污点修复画笔工具，自动将需要修复区域的纹理、光照、透明度和阴影等元素与图像自身进行匹配，快速修复污点。

快速移去 Photoshop CS6 图像中的污点，污点修复画笔工具取样图像中某一点的图像，将该点的图像修复到当前要修复的位置，并将取样像素的纹理、光照、透明度和阴影与所修复的像素相匹配，从而达到自然的修复效果。

三、Photoshop CS6 工具箱“修复画笔工具”

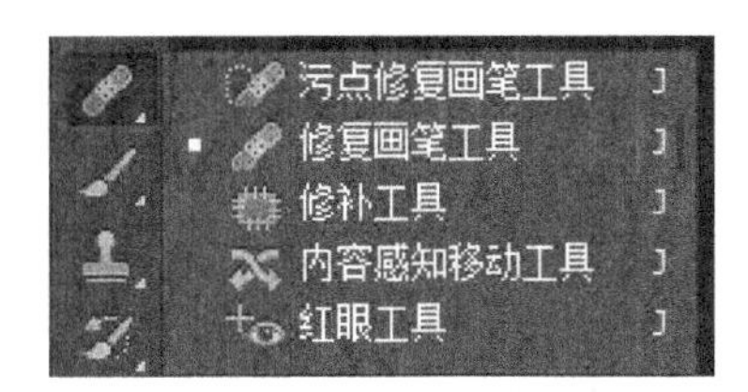

Photoshop CS6 修复画笔工具的工作方式与污点修复画笔工具类似，不同的是“修复画笔工具”必须从图像中取样，并在修复的同时将样本像素的纹理、光照、透明度和阴影与源像素进行匹配，从而使修复后的像素不留痕迹地融入图像的其余部分。可以在 Photoshop

CS6 属性栏设置相应的画笔大小及不透明度来精确修复。同时仿制源属性版上，可以设置多个仿制源，方便较为复杂的图片修复。

Photoshop CS6“修复画笔工具”属性栏：

① 19：画笔：可以选择修复画笔的大小或笔刷样式。单击画笔右侧的扩展按钮即可弹出 Photoshop CS6“画笔”面板，可以在此设置画笔的直径、硬度和压力大小等。

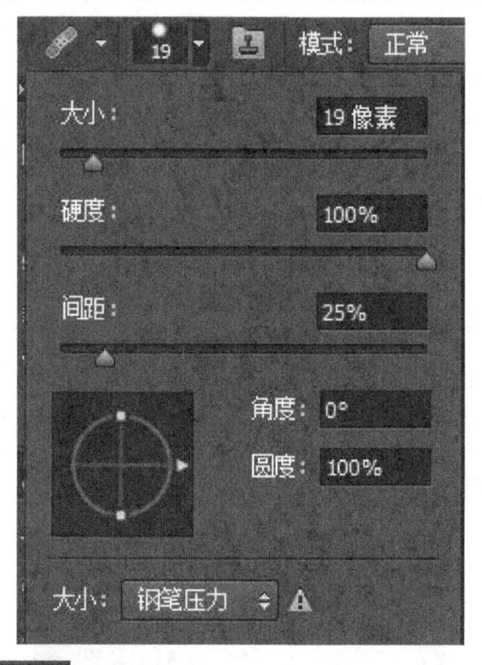

② 模式：正常 模式：单击右侧扩展按钮可选择复制像素或填充图案与底图的混合模式。

③ 源：取样 图案： 源：选择“取样”后，按住 A1t 键在图像中单击可以取样，松开鼠标后在图像中需要修复的区域涂抹即可；选择“图案”后，可在“图案”面板中选择图案或自定义图案填充图像。

④ 对齐 对齐：勾选此选项，下一次的复制位置会与上次的完全重合。Photoshop CS6 图像不会因为重新复制而出现错位。

四、Photoshop CS6 工具箱“修补工具”

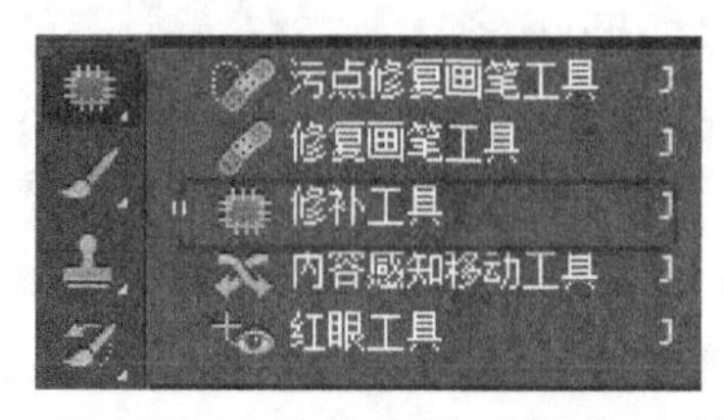

使用 Photoshop CS6 修补工具可以用其他区域或图案中的像素来修复选中的区域。修补

工具是较为精确的修复工具。使用方法：选择这款工具把需要修复的部分圈选起来，这样就得到一个选区，把鼠标放置在选区上面后按住鼠标左键拖动就可以修复。

同时在 Photoshop CS6 属性栏上，可以设置相关的属性，可同时选取多个选区进行修复，极大方便了操作。

五、Photoshop CS6 新增“内容感知移动工具”

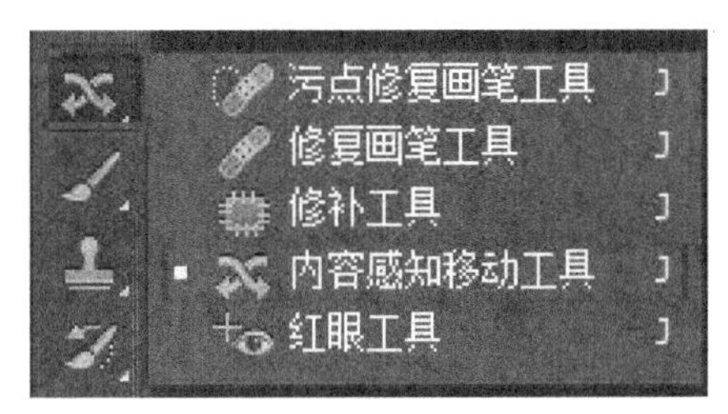

利用 Photoshop CS6 的“内容感知移动工具”可以简单到只需选择图像场景中的某个物体，然后将其移动到图像的中的任何位置，经过 Photoshop CS6 的计算，完成极其真实的 PS 合成效果。

① 感知移动功能：这个功能主要是用来移动图片中主体，并随意放置到合适的位置。移动后的空隙位置，PS 会智能修复。

② 快速复制：选取想要复制的部分，移到其他需要的位置就可以实现复制，复制后的边缘会自动柔化处理，跟周围环境融合。

六、Photoshop CS6“红眼工具”

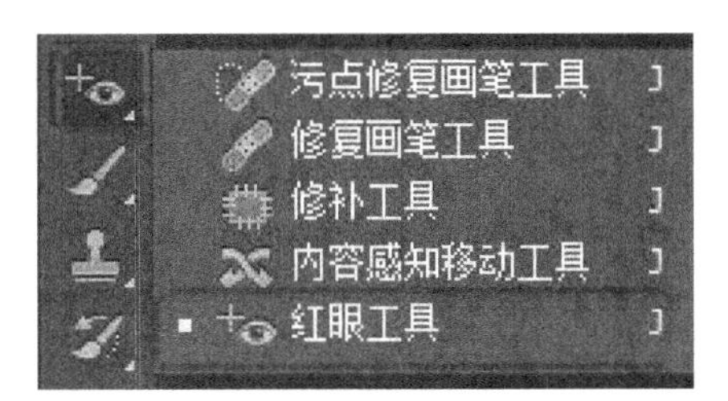

Photoshop CS6 红眼工具是专门用来消除人物眼睛因灯光或闪光灯照射后瞳孔产生的红点、白点等反射光点。操作方法：选择这款工具，在属性栏设置好瞳孔大小及变暗数值，然后在瞳孔位置鼠标左键点击一下就可以修复，非常实用。

在 Photoshop CS6 工具箱中选择“红眼工具”，其工具属性栏如图所示：

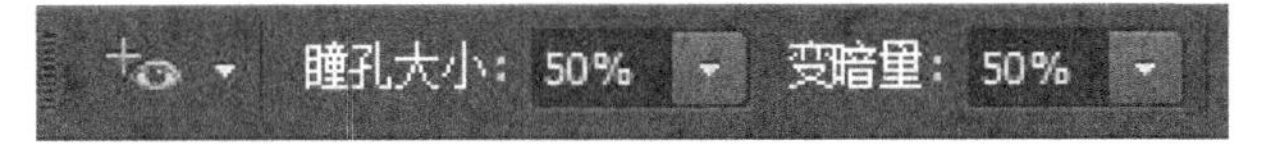

“瞳孔大小”：此选项用于设置修复瞳孔范围的大小。

“变暗量”：此选项用于设置修复范围的颜色的亮度。

七、橡皮擦工具

打开工具栏橡皮擦工具时，弹出的扩展工具有三个工具：即“橡皮擦工具”、“背景色橡皮擦工具”和“魔术橡皮擦工具”。

“橡皮擦工具”可以擦除图像中的颜色，如果在背景图层或已锁定透明像素的图层中擦除，则被擦除的区域将显示当前背景色；如果在普通图层上擦除，则被擦除的区域将变成透明。此外，使用该工具擦除图像还可将图像恢复到以前存储的状态。

“橡皮擦工具”的使用方法很简单，选择该工具后，直接在图像窗口拖动鼠标就可以擦除图像。

利用“背景橡皮擦工具”可以将图像擦除成透明，并可以在擦除背景的同时保留前景中的图像不受影响。

“魔术橡皮擦工具”可以将图像中颜色相近的区域擦除。它与“魔棒工具”有些类似，也具有自动分析的功能。

在使用“橡皮擦工具”→“模式”中“画笔”后的“不透明度”时如果在原有图片上再加一张图片时使用“橡皮擦工具”在“不透明度”设定为100%擦图时可以100%地把后图擦除，如果“不透明度”设置为50%的话再擦图时不能全部擦除而呈现透明的效果。

八、自由变换命令

移动图像后，可以通过执行Photoshop CS6“编辑”菜单下的“自由变换”命令或按快捷键Ctrl+T，调出自由变换框调整图像。可以对其进行移动、旋转、缩放、扭曲、斜切等。其中移动、旋转和缩放称为变换操作，而扭曲和斜切称为变形操作。

执行“编辑>自由变换”命令或执行“编辑>变换”菜单命令后，当前对象的周围会出现一个用于变换的定界框，定界框的中间有一个中心点，四周还有控制点，如图所示。在默认情况下，中心点位于变换对象的中心，用于定义对象的变换中心，拖曳中心点可以移动它的位置；控制点主要用来变换图像。

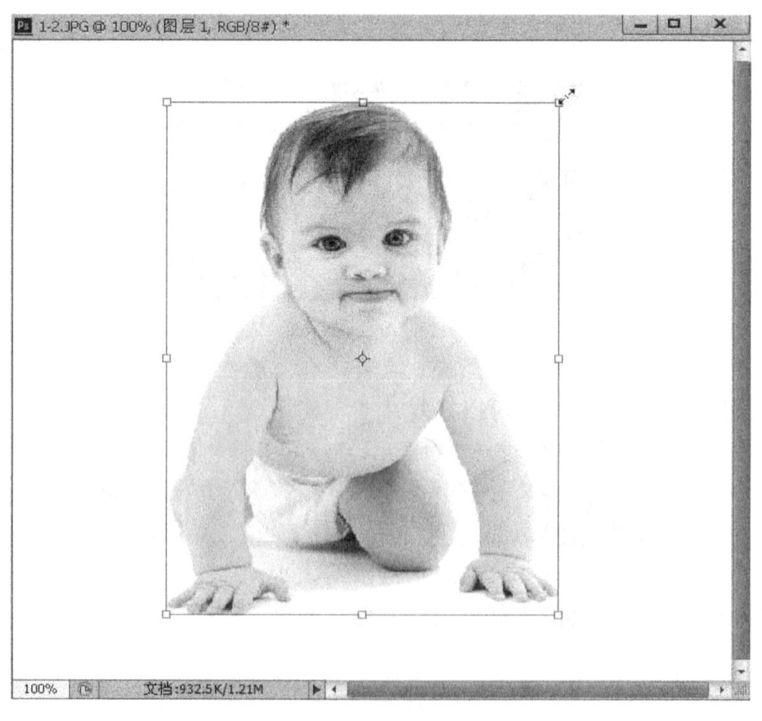

拓展任务 照片背景替换

任务说明

佳楠拍摄了一张操场全景照，由于当天的天气不是很好，效果不是很好，于是她求佟雪帮忙用软件处理下照片。

要求如下：

1. 背景应为蓝天白云；
2. 不删改原始图片中的图像；
3. 将相片的颜色调整得更加亮丽些。

完成效果

任务攻略

步骤 1：【文件】→【打开】素材图片“原图”。

步骤 2：选择【图像】→【调整】→【亮度对比度】。设置亮度为 10，对比度为 20。

步骤 3：选择【图像】→【调整】→【自然饱和度】。设置饱和度为 25。

步骤4：打开素材图片“蓝天”。选择【编辑】→【定义图案】，命名为“蓝天”，单击确定。

步骤5：选择【魔棒工具】，设置容差为55，点击背景图层天空区域，选择【多边形套索工具】，设置从选区中减去，将铁塔部分选中。

步骤6：选择【图案图章工具】，设置属性栏中画笔大小为110柔边圆，单击右侧下拉箭头，选择自定义“蓝天”图案。

步骤7：保留选区，新建图层2，将鼠标在选区内进行涂抹。

步骤8：Ctrl+D 取消选区，保存图像。

情境四 图层的应用

任务4 黑白照片变彩照

任务说明

佟雪是个哈迷（哈利波特的粉丝）。一天她在网上找到一张哈利波特剧中赫敏的扮演者的黑白照片，她想利用已经学会的PS技术，把黑白照片修饰成彩照。她的初步想法是不仅要体现赫敏靓丽的外表，还要体现出魔法师的内在气质。

任务解析

利用图层的各种混合效果，能实现给黑白照片上色的效果，做好这一步关键是选准上色的区域，选对颜色，选好混合模式；为了显出魔法师的气质，对人物修饰完成后，可以利用人物所在的图层的混合选项中的外发光样式，彰显人物的气场，凸显魔法师的气质。

任务效果

原图

完成图

● 设计过程

步骤 1

打开 Photoshop CS6，单击【文件】→【打开】，在弹出的窗口中，选择“美女黑白照片”文件，单击 打开 按钮。

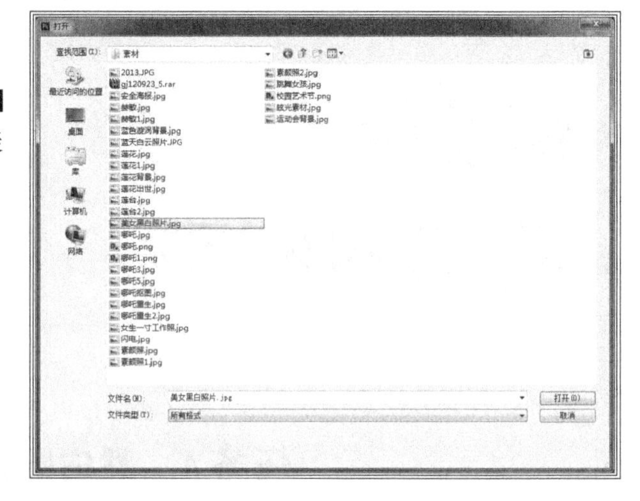

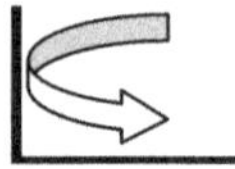

步骤 2

鼠标左键按住背景图层，拖拽到新建图层 按钮上，复制背景图层，点击背景图层左侧的小眼睛，隐藏背景图层。

注意：按 Ctrl＋J 可快速复制当前图层。复制背景图层是图层操作的一个良好习惯，以备不时之需。

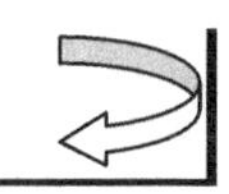

步骤 3

使用快速选择工具选出上衣条形区域。

注意：所选区域不要包括毛领区域，如果选出的区域超出范围，可使用套索或磁性套索工具。利用从选区减去模式更改选区范围。

步骤 4

点击【选择】→【存储选区】，保存选区名称为“条纹上衣”，单击确定按钮，取消选区。

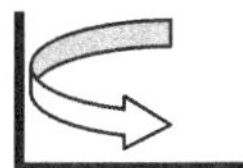

步骤 5

使用魔棒工具，容差设置为 20，选取条形格衫的灰色区域，点击【选择】→【选取相似】，新建一个图层，将前景色设为深绿色（# 13340d），按 Alt + Delete 填充前景色。

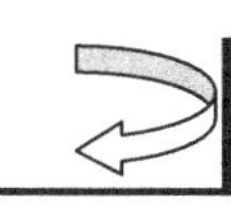

步骤 6

按 Ctrl + D 取消选区，点击【选择】→【载入选区】，在弹出窗口中“通道”下拉菜单中选“上衣”，单击确定按钮。

步骤 7

按Ctrl+shift+I反选选区，再按Delete，删除多余部分，只留下条形格衫区域。

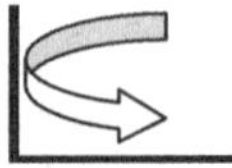

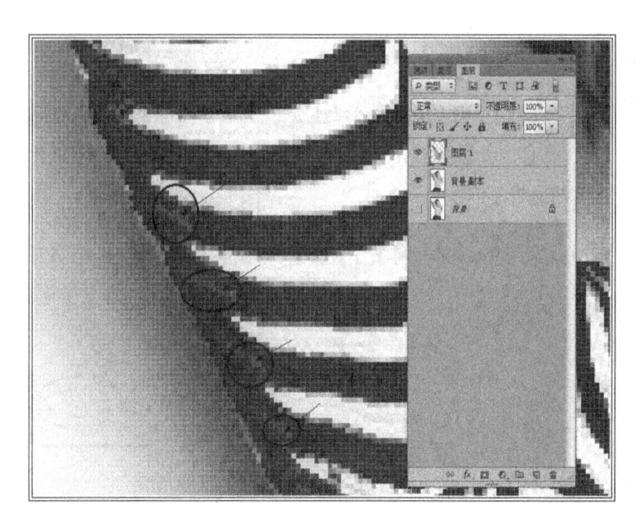

步骤 8

按Ctrl+D取消选区，选中背景副本图层，使用放大镜，放大细节，使用魔棒工具，选取没有填充到颜色的灰色区域，然后在图层中继续填充前景色，直到所有条形纹都被填充到颜色为止。

注意：此步骤需要在图层1和背景副本图层之间反复切换，别弄错了顺序，目的是选中背景副本中的条形纹，在图层1上进行填充颜色。

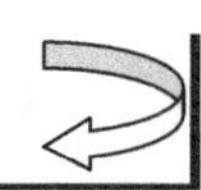

步骤 9

将图层1的图层混合模式设置为颜色，双击图层1，命名为“上衣”，至此上衣颜色修饰完毕。

注意：图层混合后，如果发现有颜色遗漏的地方，可以使用绿色画笔直接描补，多余的地方也可以使用橡皮擦除。

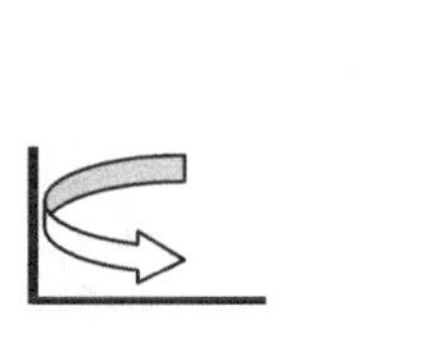

步骤 10

回到背景图层上，使用套索工具，选中毛领区域；新建图层，将前景色设为肉色（#ca7561），按Alt+Delete填充前景色。点击【滤镜】→【杂色】→【添加杂色】，点击确定按钮，将该图层命名为“毛领”，图层混合模式为颜色。

注意：滤镜工具在以后任务中会详细介绍，本任务照做就行。

步骤 11

按Ctrl+D取消选区，回到背景图层，使用磁性套索工具选中短裙区域；新建图层，将前景色设为棕色（#a2 7e5e），按Alt+Delete填充前景色。将该图层命名为“短裙”，图层混合模式为“叠加”，按Ctrl+D取消选区，选中“上衣”、“毛领”、“短裙”后按Ctrl+G将图层编为组1，将组命名为“服装”。

步骤 12

新建图层，将前景色设为肉色（#cf9884），使用画笔，将女孩皮肤所在区域涂抹成前景色，将该图层命名为“皮肤”，图层混合模式为“颜色”。

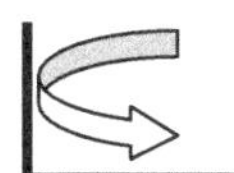

步骤 13

按Ctrl+D取消选区，使用橡皮工具，仔细擦除女孩的眼睛、眉毛及部分头发被染色的区域。

注意：以后学习了蒙版工具，使用该工具会更加有效和方便。

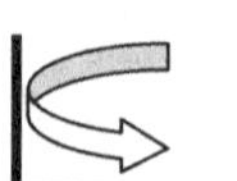

步骤 14

新建一个图层，设置混合模式为“颜色”，将前景色设置为深紫色（# 441465），使用画笔在上眼圈部位描一下，将图层命名为“眼线”。

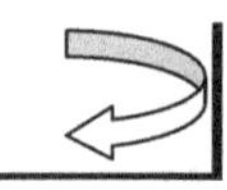

步骤 15

新建一个图层，将前景色设置为黑色（# 000000），使用画笔在下眼圈部位描一下，将图层命名为“下眼线”，图层混合模式设为“颜色”。

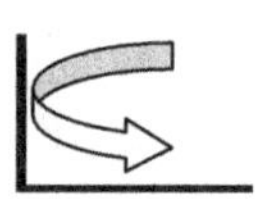

步骤 16

新建一个图层，将前景色设置为紫红色（# ec8fa9），使用画笔在下嘴唇部位描一下，将图层命名为“口红”，图层混合模式设为“叠加”。

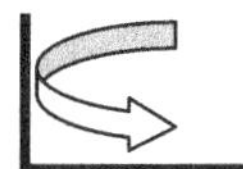

步骤 17

新建一个图层，使用套索工具，勾出女孩双腮部位，按Shift＋F6羽化5个像素，填充前景色（# a32919），将图层命名为“腮红”，图层混合模式设为“颜色”。

注意：以后学习了模糊滤镜，此处使用高斯模糊效果会更好些。

步骤 18

选中“皮肤”、“眼线”、“下眼线”、“腮红”、“口红”5个图层后按Ctrl＋G将图层编为组1，将组命名为“脸装”；在此组上新建一个图层，使用磁性套索工具，勾出女孩头发部位，填充前景色（# 6d3f1e），将图层命名为“头发”，图层混合模式设为“颜色”。

步骤 19

按住 Ctrl + Alt + Shift + E 盖印图层，隐藏其他图层。

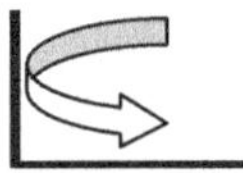

步骤 20

在图层 1 上使用快速选择工具选出女孩外形，按 Ctrl + shift + I 反选选区，再按 Delete，删除选区，将该图层命名为“女孩”。

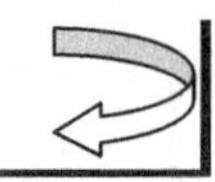

步骤 21

鼠标右键点击女孩图层，点击【混合选项】，在样式中选择【外发光】，设置参数后，点击 确定 按钮。

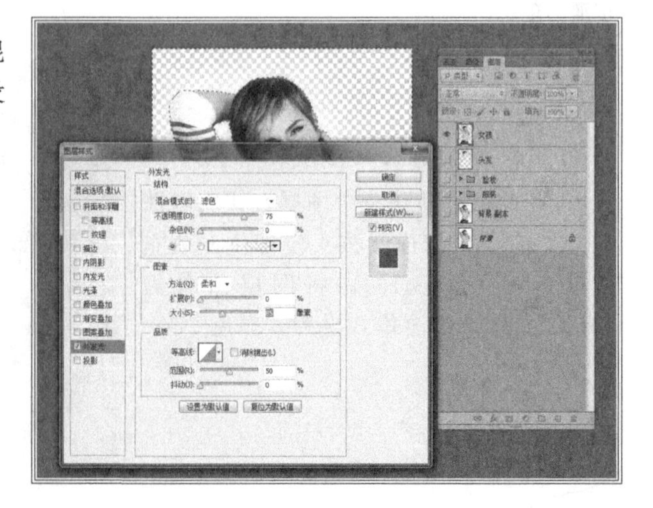

步骤 22

点击新建图层按钮，新建一个图层，使用渐变工具，在属性栏上选择紫绿橙渐变模式，从画面左下角向右上角拖动，形成彩色渐变背景，将图层命名为“彩色背景”；将“彩色背景”图层移动到“女孩”图层下方。

步骤 23

选择女孩图层，按Ctrl+T，自由变换大小，适当调整女孩在画面中的比例。

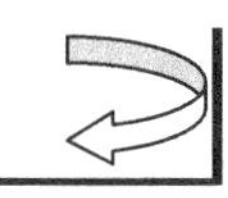

步骤 24

点击【文件】→【存储】，将文件存为“女孩彩照”。最终效果如图所示。

注意：不同背景会赋予女孩不同的气质，亮度和形状稍加改动，效果就会有所不同。

● 相关知识

一、图层基本概念

使用图层可以在不影响整个图像中大部分元素的情况下处理其中一个元素。可以把图层想象成是一张一张叠起来的透明胶片，每张透明胶片上都有不同的画面，改变图层的顺序和属性可以改变图像的最后效果。通过对图层的操作，使用它的特殊功能可以创建很多复杂的图像效果。

1. 图层面板

图层面板上显示了图像中的所有图层、图层组和图层效果，可以使用图层面板上的各种功能来完成一些图像编辑任务，例如创建、隐藏、复制和删除图层等。还可以使用图层模式改变图层上图像的效果，如添加阴影、外发光、浮雕等。另外对图层的光线、色相、透明度等参数都可以做修改来制作不同的效果。图层面板如图 4-1。

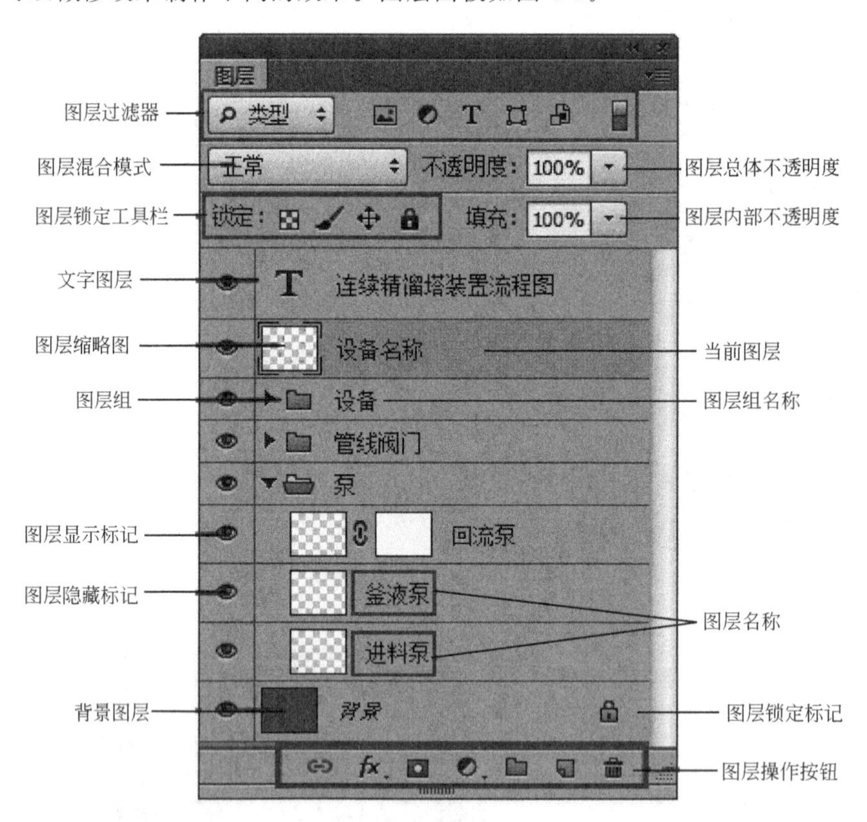

图 4-1 图层面板

在 Photoshop 中“窗口”菜单下选择“图层”就可以打开上面的面板。

2. 图层类型

(1) 背景图层

每次新建一个 Photoshop 文件时图层会自动建立一个背景图层（使用白色背景或背景色创建新图像时），这个图层是被锁定的位于图层的最底层。我们是无法改变背景图层的排列顺序的，同时也不能修改它的不透明度或混合模式。如果按照透明背景方式建立新文件时，图像就没有背景图层。

解除背景图层锁定状态的方法是：在图层调板中双击背景图层，打开新图层对话框，然后根据需要设置图层选项，点击确定按钮即可。

背景图层解除锁定后，就转换成普通图层了。

（2）图层

可以在图层面板上添加新图层然后向里面添加内容，也可以通过添加内容再来创建图层。一般创建的新图层会显示在所选图层的上面或所选图层组内。

（3）图层组

图层组可以帮助组织和管理图层，使用图层组可以很容易地将图层作为一组移动、对图层组应用属性和蒙版以及减少图层调板中的混乱。

不同于以往版本，在CS6版本中，图层组可以像普通图层一样设置样式、填充不透明度、混合颜色带以及其他高级混合选项，而旧版中的图层组只能设置混合模式和不透明度。

二、图层操作

在Photoshop中，对图层可以进行创建、复制、标识、栅格化、合并、盖印等操作。

1.新建图层

可以在图层菜单选择“新建图层”或者在图层面板下方选择新建图层/新建图层组按钮。

2.复制图层

需要制作同样效果的图层，可以选中该图层点击鼠标右键选择“复制图层”选项，需要删除图层就选择“删除图层”选项。双击图层的名称可以重命名图层的名字。

3.颜色标识

选择“图层属性”选项，可以给当前图层进行颜色标识，有了颜色标识后在图层调板中查找相关图层就会更容易一些。

4.删格化图层

一般建立的文字图层、形状图层、矢量蒙版和填充图层之类的图层，就不能在它们的图层上再使用绘画工具或滤镜进行处理了。如果需要在这些图层上再继续操作就需要使用到栅格化图层了，它可以将这些图层的内容转换为平面的光栅图像。

删格化图层的办法，一个是可以选中图层点击鼠标右键选择“删格化图层”选项，或者是在【图层】菜单选择【删格化】下各类选项。

5.合并图层

在设计的时候很多图形都分布在多个图层上，而对这些已经确定的图形不会再修改了，我们就可以将它们合并在一起以便于图像管理。合并后的图层中，所有透明区域的交迭部分都会保持透明。

如果是将全部图层都合并在一起可以选择菜单中的“合并可见图层”和“拼合图层”等选项，如果选择其中几个图层合并，根据图层上内容的不同有的需要先进行删格化之后才能合并。删格化之后菜单中出现“向下合并”选项，要合并的这些图层集中在一起这样就可以合并所有图层中的几个图层了。

6.盖印图层

除了可以合并图层之外，还可以给图层盖印。盖印可以将多个图层的内容合并为一个目标图层，而原来的图层不变。这个操作主要有以下三种情况。

① 如果在图层面板中选中一个可见图层，然后执行该命令，则当前图层保留不变，但

当前图层中的内容合并到（或覆盖到）与其紧接的下方可见图层中，改变的是其紧接的下方可见图层。

② 如果在图层面板中选中两个或两个以上的图层，且不包括背景图层的话，那么在执行该命令后，会将所有选中的可见图层进行合并，生成一个新的图层，且保留原始各个图层。

③ 如果选中的两个或两个以上的图层中包括背景图层，那么所有选中的可见图层均被合并到背景图层上，且保留原始各个图层，改变的是背景图层。

盖印图层操作的快捷方式是Ctrl+Alt+E。

7. 盖印可见图层

该命令将所有的可见图层进行合并后产生一个新的图层，或将所有的可见图层合并到当前选中的完全透明的空白图层上，同时保留原来各个独立图层。

盖印可见图层的快捷键是Ctrl+Alt+Shift+E。

三、图层管理

在Photoshop中，对图层可以进行选择、显隐、改序、链接、调整、锁定和取样等管理。

1. 选择图层

如果图像有多个图层，必须选取要使用的图层才能正常地修改图层上的图像，对图像所做的更改只影响这一个图层。一次只能有一个图层成为可编辑的图层，这个图层的名称会显示在文档窗口的标题栏中，在图层调板中该图层会被加深显示。

2. 隐藏、显示图层内容

在Photoshop中，有时需要暂时屏蔽某一图层的内容，这时候可以采取隐藏图层的操作。在图层调板中点击图层旁边的眼睛图标就可以隐藏该层的内容了，一次可以隐藏多个图层，再次点击该处可以重新显示内容。

3. 更改图层顺序

在图层面板上排列的图层一般是按照操作的先后顺序堆叠的，但很多时候还需要更改它们的上下顺序以便达到设计的效果。更改方法：可以在图层面板中将图层向上或向下拖移，当显示的突出线条出现在要放置图层或图层组的位置时松开鼠标按钮即可。

如果是要将单独的图层移入图层组中，直接将图层拖移到图层组文件夹即可。

4. 链接图层

将两个或更多的图层链接起来，就可以同时改变它们的内容了。从所链接的图层中还可以进行复制、粘贴、对齐、合并、应用变换和创建剪贴组等操作，选择需要链接的图层，点击图层操作按钮组里的链接图层按钮，所选图层便会链接起来，同时所选图层的右侧，会出现链接图标。

5. 调整图层内容

在图层操作中可以使用移动工具来调整图层的内容在设计界面中的位置，还可以应用“图层”菜单中的对齐和分布图层命令来排列这些内容的位置。

（1）对齐

要将图层的内容与选区边框对齐，先在图像中建立选区，然后选择图层（要处理多个图层内容使用链接图层方式），最后选择“图层”菜单下的“与选区对齐”下的对齐方式。

（2）分布图层

在图层面板中将三个或更多的图层链接起来。选取“图层”菜单下的“分布链接图层”的子菜单中选择这些图层内容的分布方式，如“顶边”可从每个图层的顶端像素开始，间隔均匀地分布链接的图层。

6. 锁定图层

如果隐藏图层是为了在修改的时候保护这些图层不被更改的话，锁定图层则是最彻底的保护办法。在图层面板中有一个像“锁”一样的图标，选中要锁定的图层点击这个图标就可以锁定图层了，图层锁定后图层名称的右边会出现一个锁图标。当图层完全锁定时锁图标是实心的，当图层部分锁定时，锁图标是空心的。

“锁”图标是完全锁定图层，除此之外还可以锁定像素、锁定像素的位置等。使用锁定像素位置按钮，图层的锁定图标是空心的呈半锁定状态。

用笔刷绘画的像素为了防止它被修改，可以使用“锁定图像像素”按钮来将图层锁定为半锁定状态

另外图层面板的锁定列表中还有一个图标是“锁定透明像素”按钮，它将编辑操作限制在图层的不透明部分。

7. 从图层取样

使用魔术棒、涂抹、模糊、锐化、油漆桶、仿制图章、修复画笔等工具，可以从当前的图层像素中获取颜色样本，即可以在一个图层中涂抹或取样在另一个图层中绘画。

8. 图层过滤器

与此对应，选择菜单中增加了“查找图层”命令，本质上就是根据图层的名称来过滤图层。

四、图层样式和效果

在 Photoshop 中，图层样式可以帮助我们快速应用各种效果，还可以查看各种预定义的图层样式，使用鼠标即可应用样式，也可以通过对图层应用多种效果创建自定样式。可应用的效果样式有投影效果、外发光、浮雕、描边等。当图层应用了样式后，在图层调板中图层名称的右边会出现“f”图标。

1. 应用样式

Photoshop 还提供了很多预设的样式，可以在样式模板中直接选择所要的效果套用，应用预设样式后还可以在它的基础上再修改效果。通过在混合选项面板中添加各种效果，也可以自定义样式。PS5 在图层混合模式上提供了多达 27 种效果模式，每一种效果模式都可以在“混合选项”面板中对其进行详细的参数设置，这样灵活的应用效果模式可以创造出花样别出的特殊效果。

2. 隐藏/显示图层样式

在“图层”菜单下的“图层样式”中可以选择“隐藏所有图层效果”或“显示所有图层效果”命令，隐藏/显示图层的样式。在图层面板中可以展开图层样式，也可以将它们合并在一起。

3. 拷贝和粘贴样式

如果想让其它的图层应用同一个样式可以使用拷贝和粘贴样式功能，首先选择要拷贝的样式的图层，然后选择“图层”菜单下的“图层样式”中“拷贝图层样式”命令。要将样式

粘贴到另一个图层中，先在图层面板中选择目标图层再选择“图层”菜单下的“图层样式”中“粘贴图层样式”命令。若要粘贴到多个图层中需要先链接目标图层，然后选择“图层样式”中的“将图层样式粘贴到链接的图层”，粘贴的图层样式将替换目标图层上的现有图层样式。除此之外通过鼠标拖移效果，也可以拷贝粘贴样式。

4. 删除图层效果

对于那些已经应用的样式如果想将它们取消，可以在图层面板中将效果栏拖移到“删除图层”按钮上。或者选择“图层”菜单下的“图层样式”中“清除图层样式”命令。或者选择图层，然后点击图层面板底部的“清除样式”按钮。

操作技巧

- 如果只想要显示某个图层，只需要按下Alt键点击该图层的指示图层可视性图标即可将其它图层隐藏，再次按下则显示所有图层。
- 按下 Alt 键点击“图层”调板底部的“删除图层”图标，则能够在不弹出任何确认提示的情况下删除图层。
- 在 PS 有众多图层的时候，如果想快速选择某一图像所在的图层，可以在移动工具状态下，勾选“自动选择”图层，只要鼠标单击该图层上的图形就会立刻选择该图形。
- 当你当前在使用“移动”工具，或是按下 Ctrl 键时，在画布的任意处右键点击都能够在鼠标指针之下得到一个图层的列表，按照从最上面的图层到最下面的图层这样按顺序排列，在列表中选择一个图层的名称则能够让这个图层处在活动状态。
- 选中“移动”工具时，按下 Ctrl 键点击或拖动就能够自动选择或移动鼠标指针下最上方的图层。按下 Ctrl+Shift 之后点击或拖动则能够将最上方的图层与当前活动的图层相关联。
- 通过将效果进行拖放能够很快地将其从一个图层移动到另一个图层。要想从一个图层拷贝到其它图层中，可以按住Alt键，再进行拖动就可以了。
- 按下 Ctrl 键后再点击“图层”调板底部的“创建新图层”或“创建新组”按钮，就能够让新的图层或组插入到当前图层或组的下方。
- 双击一个“图层”调板中的图层名称则能够对图层进行重命名。
- 按下 Alt 键后在一个背景图层上双击则能够将它转变为一个名为“图层 0”的一般图层，而这过程不会出现任何确认提示。
- 要在文档之间拖动多个图层，可以先将它们链接，接着使用“移动”工具将它们从一个文档窗口拖到另一个文档窗口中。
- 可以将一个图层拖动到“图层”调板底部的“创建新图层”（“创建新快照”）按钮上来对一个图层创建副本；或者也可以使用“图层”调板菜单中的“复制图层”来进行操作。

拓展任务 彩照变素描效果黑白照

● 任务说明

佳楠看见了佟雪完成的黑白照片变彩照的效果，很是惊艳，突发奇想的要求佟雪再把彩色照片转换成一张素描效果的黑白图片。

● 任务效果

原图及完成效果如下：

● 任务攻略

步骤1：打开原始彩色文件。

步骤2：按下快捷键“Ctrl+Shift+U”，把它转换成黑白颜色。

步骤3：复制图层，得到一个副本图层。

步骤4：按下快捷键“Ctrl+I”，将副本图层转换成负片效果。

步骤 5：将副本图层下拉菜单选为“颜色减淡”。

步骤 6：轻移副本图层图像。

步骤 7：按下“Ctrl＋L”调整色阶。

步骤 8：保留取得理想效果。

【注意】

如果以后学习了滤镜技术，在步骤 6 上就可以使用模糊滤镜来达到更佳的艺术效果，具体操作如下：【滤镜】→【模糊】→【高斯模糊】，模糊半径值可根据你需要的素描线条粗细深浅来设置。

到此为止素描画像工作就完成了，最后效果挺不错，步骤也很简单。

情境五 文字应用

任务5 制作立体字

任务说明

佟雪在浏览好朋友的个人主页时，发现朋友的文字图片很有特点，也想为自己的主页添加一些有个性的文字，让我们学习一些有创意的文字效果吧。

任务要求如下：

- 文字要有立体感；
- 画面和文字能够融为一体；
- 画面美观、简洁。

任务解析

根据要求，佟雪先收集了一张个人主页的图片，为了保证字体和画面能够融为一体，决定字体的渐变部分利用与草坪相近的绿色，并加以投影。文字的表面利用图案样式制作，让文字看起来更加美观。

完成效果

● 设计过程

步骤 1

打开 Photoshop CS6，单击【文件】→【新建】命令，快捷键为Ctrl+N。新建文档“文字设计”。设置文件属性，宽度：800像素，高度：600像素。分辨率为72像素/英寸。颜色模式：RGB颜色。背景内容为白色。

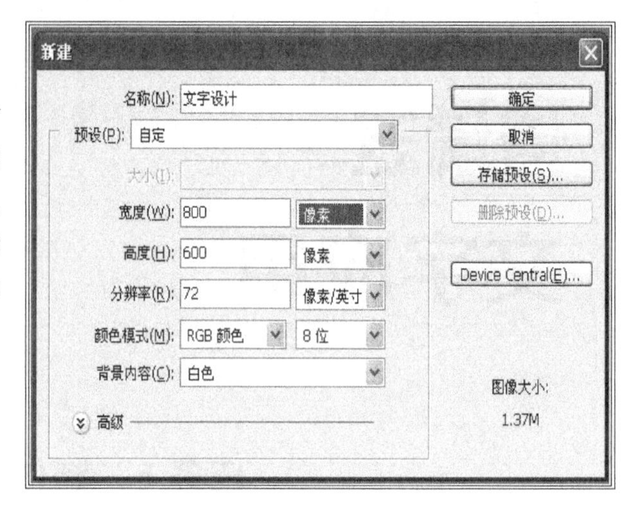

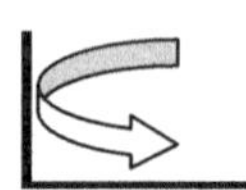

步骤 2

打开背景素材图片，用移动工具将素材图片拖拽到新建文档中，形成图层1。

注意：素材图片拖拽到窗口中后可用移动工具将图片移动到适合位置。

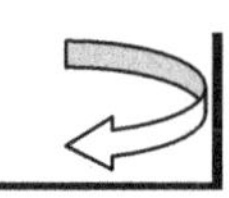

步骤 3

选择横排文字工具T，在文字属性栏中设置字体样式为黑体，文字大小100点，字体颜色为黑色，其他默认，输入文字，形成文字图层。

注意：文字输入结束后，单击提交当前编辑或Ctrl+Enter结束操作。

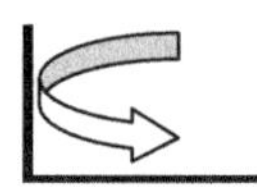

步骤 4

右键单击文字图层，选择栅格化文字，将文字图层转换为图像图层。

注意：文字图层栅格化后将无法进行文字编辑。

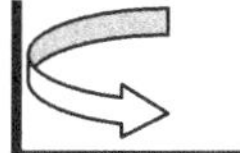

步骤 5

选择菜单栏【编辑】→【自由变换】命令，快捷键为 Ctrl + T。变形文字如图：

注意：在进行图形变换时，可按住 Ctrl 键，拖拽 6 个点来进行制作透视效果。

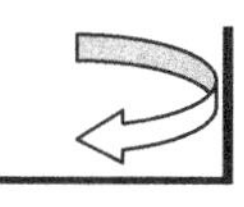

步骤 6

回车键确认自由变换命令，按住 Ctrl + Alt + 上方向键，复制 15 层图层，保留 Photoshop 图层和 Photoshop 副本 15 图层，将其他图层合并。

注意：选择多个图层时，可按住 Ctrl 键进行单击选择图层。

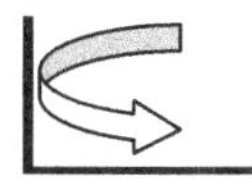

步骤 7

右键选择“photoshop”图层，选择【混合选项】打开【图层样式】调板。(或左键双击 photoshop 图层蓝色区域)。设置投影，参数如图。

注意：添加图层样式需激活当前选项。

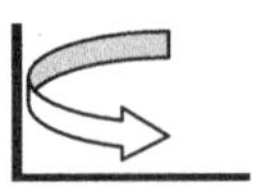

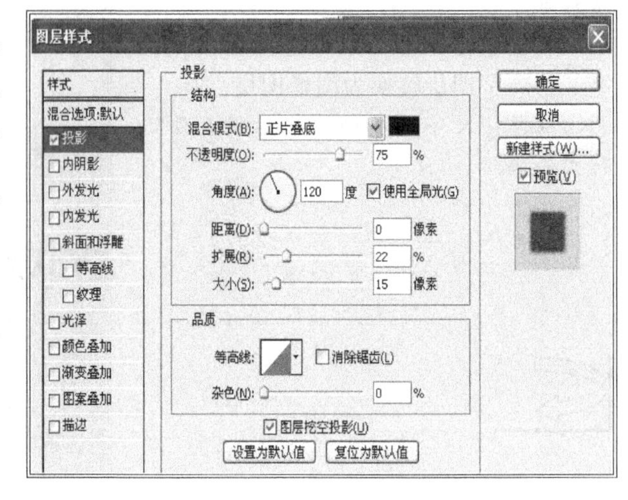

步骤 8

右键选择“photoshop 副本 14”图层，选择【混合选项】打开【图层样式】调板。设置渐变叠加，绿色数值(26720f)浅绿色(b3ee57)，其他默认。

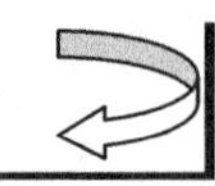

步骤 9

选择“photoshop 副本 15”图层，打开【图层样样式】，设置【外发光】不透明度 75%，扩展 3%，大小 16 像素，其他默认。

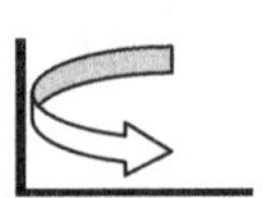

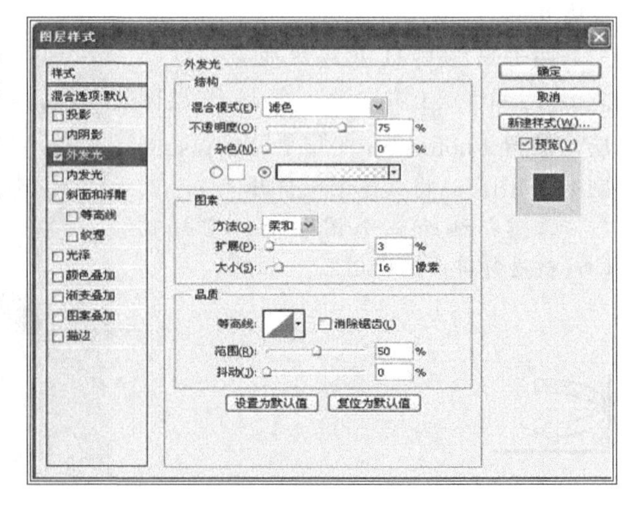

步骤 10

同时添加【图案叠加】样式，设置不透明度 80%，缩放 10%，其他默认。

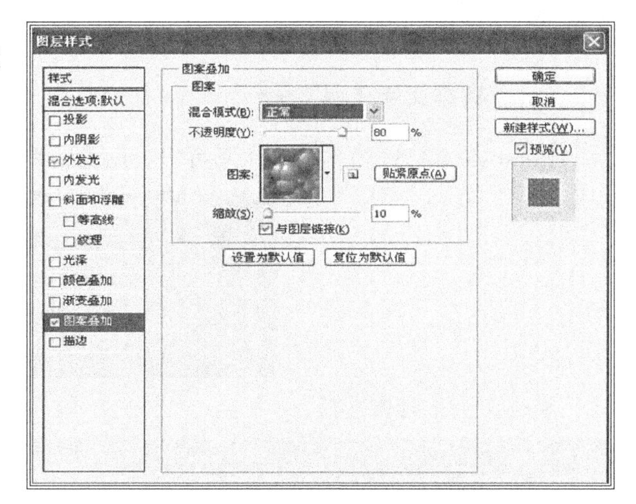

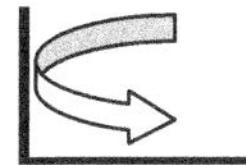

步骤 11

选择菜单栏【文件】→【储存为】，将文件格式调整为 JPEG 格式保存。

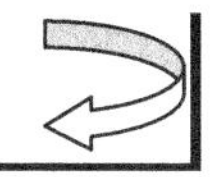

步骤 12

完成效果图。

● 相关知识

一、"横排文字工具"

Photoshop CS6 横排文字工具可以在图像窗口中输入的文本以横向排列。

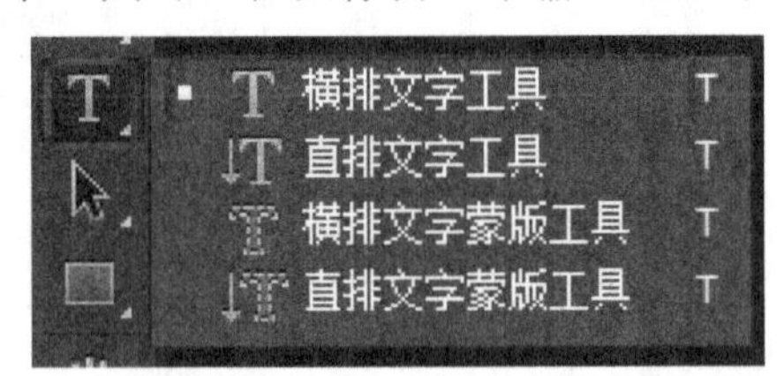

横排文字工具属性栏：

①"更改文字方向"：单击该按钮，可将选择将水平方向的文字转换为垂直方向，或将垂直方向的文字转换为水平方向。

②"字体"：设置文字的字体。单击其右侧的倒三角按钮，在弹出的下拉列表中可以选择字体。

③"字形"：可以设置字体形态。只有使用某些具有该属性的字体，该下拉列表才能激活，包括 Regular（规则的）、Italic（斜体）、Bold（粗体）、Bold Italic（粗斜体）和 Black（加粗体）。

④"字体大小"：可以单击右侧的倒三角按钮，在弹出的下拉列表中选择需要的字号或直接在文本框中输入字体大小值。

⑤"设置消除锯齿的方法"：设置消除文字锯齿的功能。

⑥"对齐方式"：包括左对齐、居中对齐和右对齐，可以设置段落文字的排列方式。

⑦"文本颜色"：设置文字的颜色。单击可以打开"拾色器"对话框，从中选择字体颜色。

⑧"创建文字变形"：单击打开"变形文字"对话框，在对话框中可以设置文字变形。

⑨"字符和段落面板"：单击该按钮，可以显示或隐藏"字符"和"段落"面板，用来调整文字格式和段落格式。

⑩：“取消”文字编辑按钮。

⑪：“提交”文字按钮。要确定输入的文字，则单击“提交”按钮即可；也可以选择“移动工具”确定。

二、"横排文字蒙版工具"

① 在工具箱中点击"横排文字蒙版工具"按钮。如图 5-1 所示。

② 在文档窗口中需要输入文字的位置处单击鼠标左键，将会出现一个闪烁的"I"型光标，同时，窗口将以蒙版的形式出现。如图 5-2 所示。

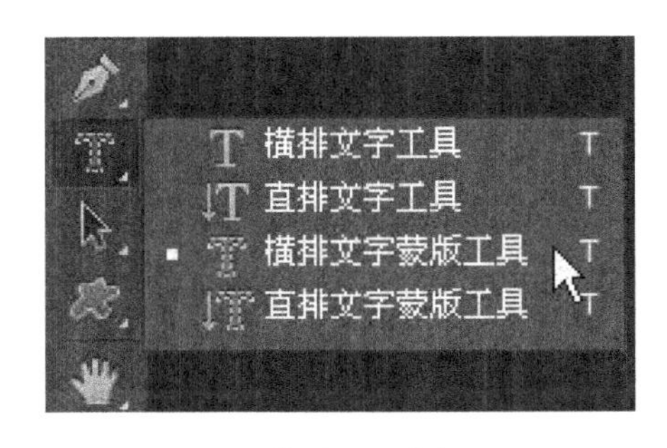

图 5-1　横排文字蒙版工具

图 5-2　以蒙版形式出现的窗口

③ 当完成文字的输入以后，可以点击工具选项栏中右侧的“提交所有当前编辑”按钮，或者单击其它工具、或者按下数字键盘中的回车键、或者按下 Ctrl+回车键即可结束当前操作。

④ 此时，文字将显示为文字选区。并且不能对文字的字体、大小、替换、添加或删除等进行操作了。

⑤ 既然成为了文字选区，那么就可以将这些文字按照其它选区一样来进行移动、复制、填充或描边等操作了。

三、图层样式

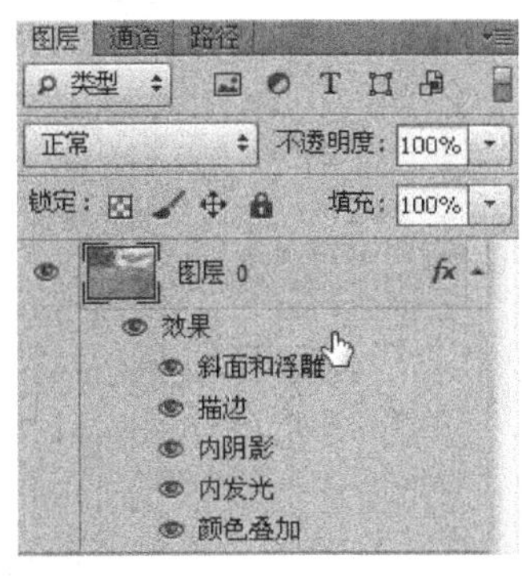

利用 Photoshop CS6“图层样式”可以对图层内容快速应用效果。在 Photoshop CS6 中提供了多种图像效果，如投影、内/外发光、斜面和浮雕、叠加和描边等，利用这些样式可以迅速改变图层内容的外观。当图层具有样式时，Photoshop CS6“图层面板”中该图层名称的右边出现“图层样式”图标。

在 Photoshop CS6“图层面板”中选择要添加样式的图层，单击“添加图层样式”按钮，即可打开 Photoshop CS6“图层样式-混合选项”。在“常规混合”选项区域中有两个“混合模式”选项和“不透明度”选项。这两个选项与 Photoshop CS6“图层面板”上的“混合模式”和“不透明度”选项的使用方法和作用相同。“不透明度”选项设置 Photoshop CS6 图像的透明度。当设置参数为 100%时，图像为完全不透明状态，当设置参数为 0%时，Photoshop CS6 图像为完全透明状态。

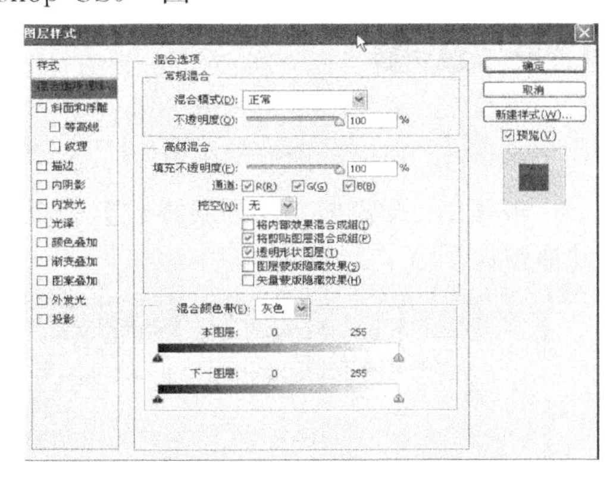

● 操作技巧

有多种方式可以打开图层样式调板。下面是一些最常用的方法。

方法 1：双击你要应用样式的图层上。

方法 2：单击图层面板底部的“FX”图标。

方法 3：右键单击图层，选择混合选项。

方法 4：从层 Photoshop 的主工具栏菜单中，将鼠标悬停在图层样式，并选择您要套用的样式。

拓展任务　火焰文字

任务说明

佳楠看到佟雪个人主页更新的文字图片非常喜欢，她找到佟雪，要求为班级的主页也设计一个张扬效果的标题。她的要求如下：

1. 文字要有火焰的效果；

2. 画面的背景和文字要有强烈的对比。

完成效果

任务攻略

步骤 1：新建画布，宽度 800 像素、高度 600 像素，背景为黑色，其他默认。

步骤 2：利用横排文字工具[T]，打上我们想要的文字。

步骤 3：设置文字【图层样式】→【外发光】，颜色数值为：＃f70300，大小为 10 像素，其他默认。

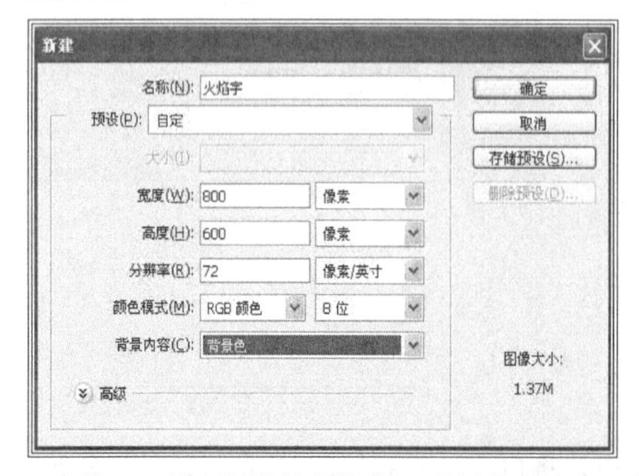

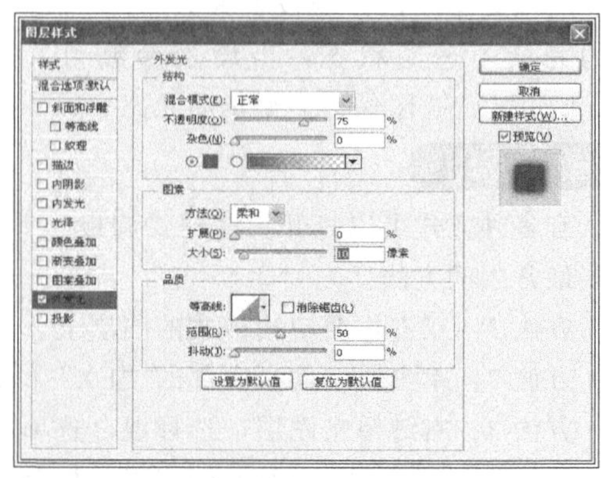

步骤 4：设置【图层样式】→【颜色叠加】，颜色数值为：＃cd7e2e，不透明度 100%。

步骤 5：设置【图层样式】→【内发光】，混合模式为：颜色减淡，不透明度 100%，颜色数值为：♯e5c23b，大小为 9 像素，其他默认。

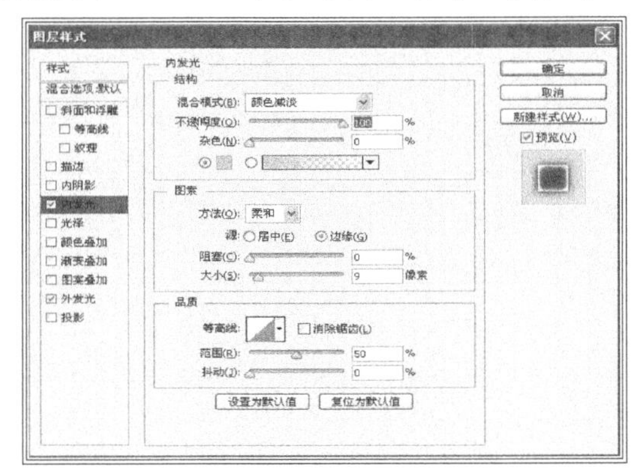

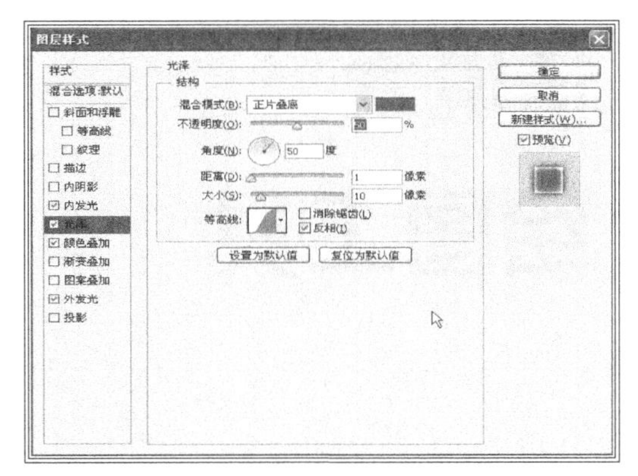

步骤 6：右键单击文字图层选择【栅格化图层】，然后选择菜单栏中【滤镜】→【液化】，画笔大小 15，画笔密度 50，画笔压力 100。在文字边缘涂抹出想要的形状。

步骤 7：选择涂抹工具，画笔大小为柔角 15，强度 50%，完善文字边缘达到理想效果。

步骤 8：打开素材火焰，选择【通道】面板，将绿通道复制新图层，按住 Ctrl 键单击副本缩览图，激活【通道】中 RGB 图层，回到【图层】面板按 Ctrl+J 创建新图层。

步骤 9：用移动工具将创建好的火焰图层拖拽到火焰字文档中。利用橡皮擦工具将多余的火焰去掉。

步骤 10：复制多个当前火焰图层，将其与文字融合，也可利用加深工具、减淡工具将火焰效果进一步美化。

情境六 绘图工具

任务 6　化工装置流程图制作

● 任务说明

佟雪在参加《化工单元操作技术》课程学习的时候，老师要求画出连续精馏装置流程。为了增加流程图的美观度，佟雪决定用 Photoshop 代替 AutoCAD 来画一下。

流程图（以板式塔为例）要求体现如下工艺：

原料液预热至指定的温度后从塔的中段适当位置加入精馏塔，与塔上部下降的液体汇合，然后逐板下流，最后流入塔底，部分液体作为塔底产品，其主要成分为难挥发组分，另一部分液体在再沸器中被加热，产生蒸汽，蒸汽逐板上升，最后进入塔顶冷凝器中，经冷凝器冷凝为液体，进入回流罐，一部分液体作为塔顶产品，其主要成分为易挥发组分，另一部分回流作为塔中的下降液体。

● 任务解析

看过工艺要求以后，佟雪认为整个画面以精馏塔为中心，设备及附属设备并不复杂，使用形状工具组工具就能画出主体设备来，再使用直线工具，就能把所有设备连接起来，部分重复设备，如泵等使用复制图层，可快速完成任务。

● 完成效果

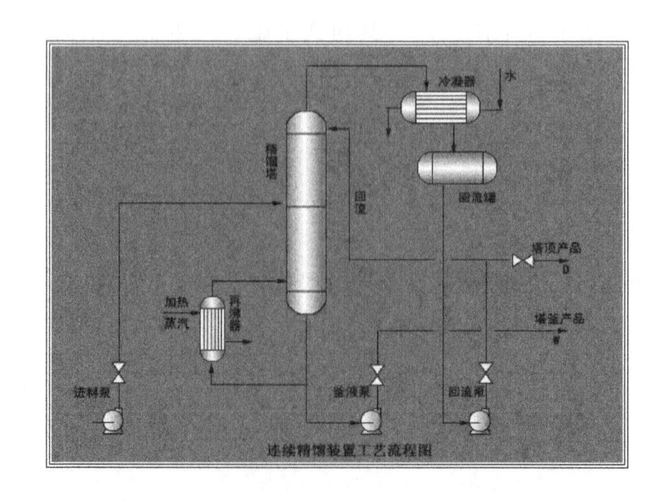

● 设计过程

步骤 1

打开 Photoshop CS6，单击【文件】→【新建】，在弹出的窗口中，在名称栏上填写新建文件名称为“流程图”。设置文件属性，宽度为 545 像素，高度为 405 像素，分辨率为 72 像素/英寸，颜色模式为 8 位 RGB，背景色为透明。单击确定按钮。

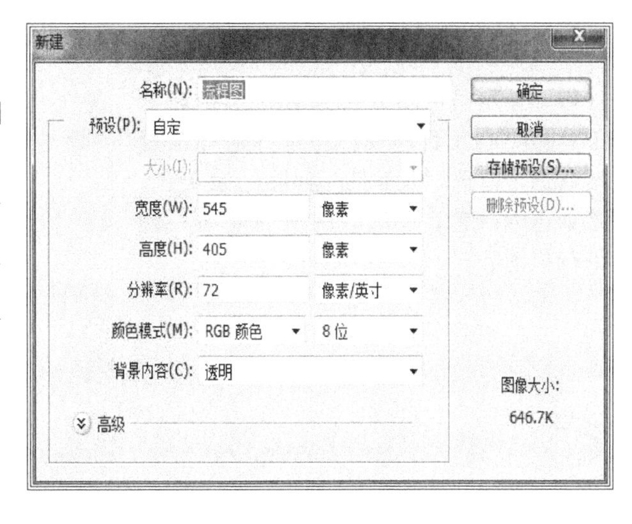

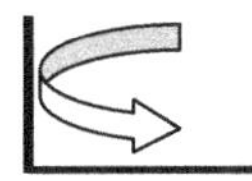

步骤 2

按 Ctrl + Delete 填充白色背景色。

注意：此步骤须设定背景色为白色；若在新建文件的时候，背景内容直接设为白色，则此步可以省略。

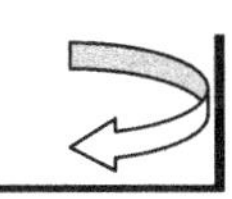

步骤 3

单击新建图层按钮，将前景色设置为灰色（#948e8e），选择圆角矩形工具，在其工具属性栏中选择“像素”，半径设置为 50 像素，在新建的图层上按下鼠标左键并向右下拖动，绘制一个圆角矩形，最后将该图层命名为精馏塔。

注意：本任务中灰色均指颜色值为#948e8e。

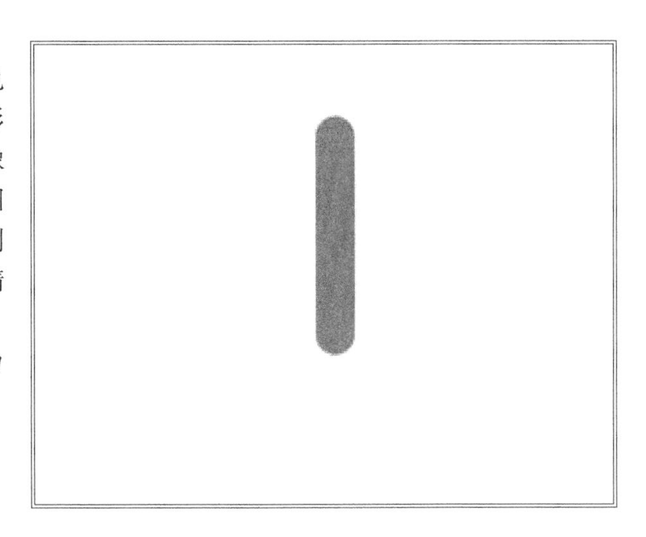

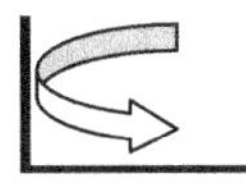

步骤 4

选择魔棒工具，点击精馏塔灰色区域，显示精馏塔外形选区，选择渐变工具，在工具属性栏中选择对称渐变按钮，勾选“反向”，前景色为灰色，背景色为白色，在选区内从中间向一侧平行拖动。

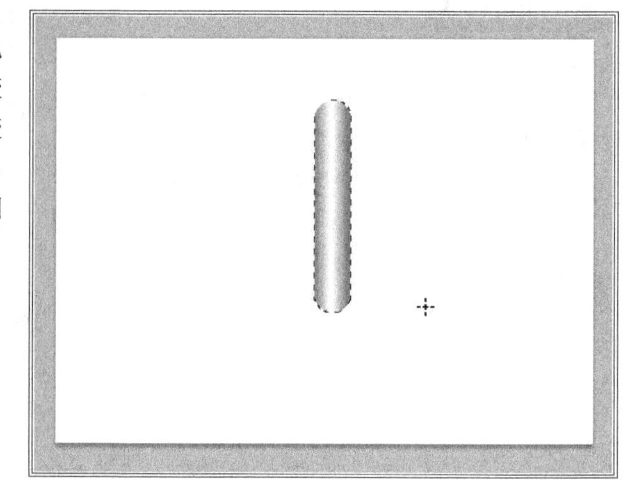

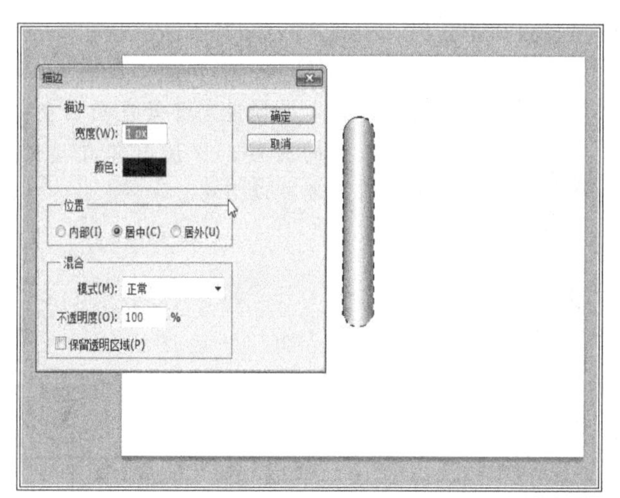

步骤 5

点【编辑】→【描边】，宽度设为1像素，颜色为黑色，位置设为居中，按 确定 按钮。

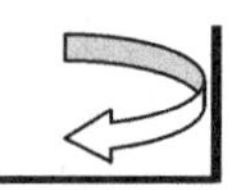

步骤 6

选择直线工具，粗细设为1像素，在精馏塔的上部、中部及下部分别画出一条直线。

注意：为准确画出直线位置，可使用放大工具，适当放大精馏塔部位。

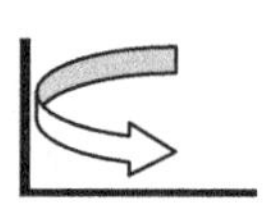

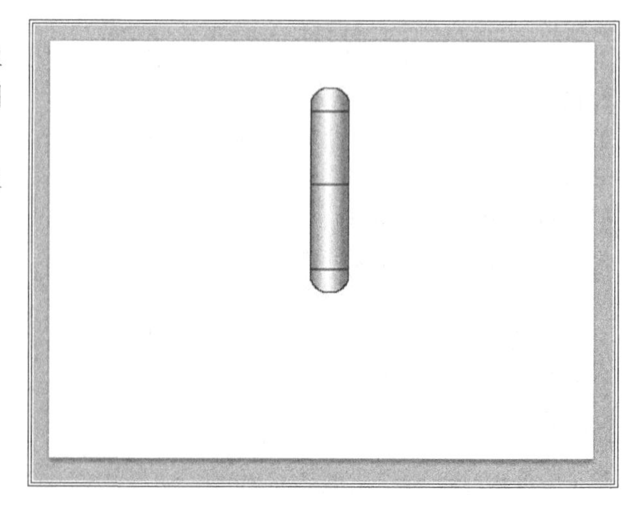

步骤 7

新建一个图层，选择多边形工具▢，在工具属性栏中设置边为 3，其他选项保持默认属性，前景色选择灰色，在新图层上绘制三角形；重复步骤 4～5，对三角形进行颜色渐变及描边，形成泵体底座形状。

注意：对三角形进行渐变选择的是线性渐变。

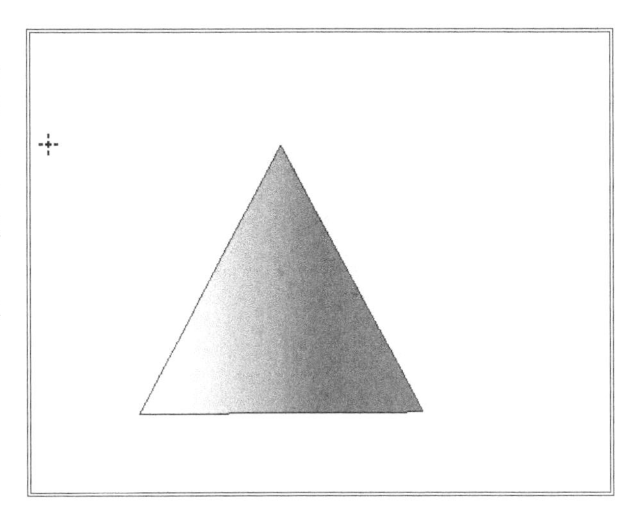

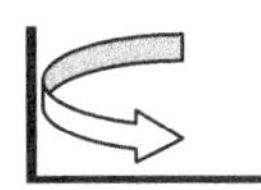

步骤 8

新建一个图层，选择椭圆选框工具▢，绘制一个圆形选区，前景色选择灰色，背景色为白色，选择渐变工具▢，在工具属性栏中选择线性渐变▢，从选区左侧向右侧拖动，重复步骤 5，对圆形选区描边，形成泵体形状。

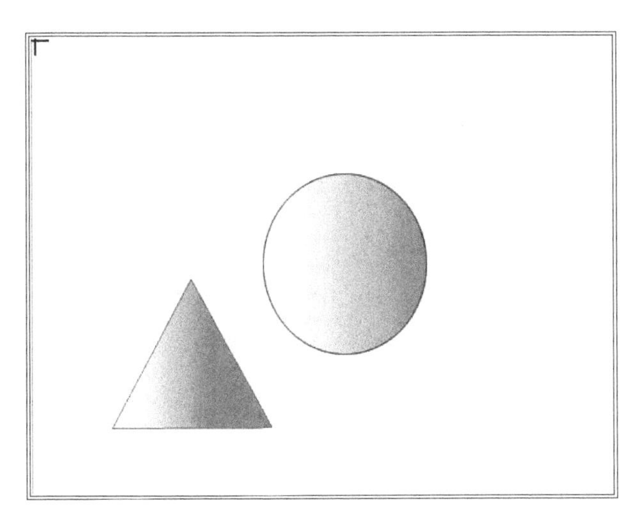

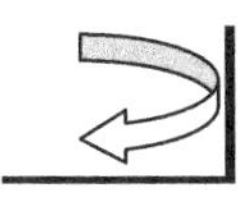

步骤 9

新建一个图层，选择矩形选框工具▢，绘制一个矩形选区，前景色选择灰色，背景色为白色，选择渐变工具▢，在工具属性栏中选择线性渐变▢，从选区左侧向右侧拖动，重复步骤 5，对矩形选区描边，形成泵体出口形状。

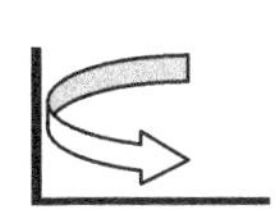

步骤 10

选择移动工具，适当调整底座图层、泵体图层、泵体出口图层中的图形位置，并将泵体图层置于泵体出口图层上边，形成泵的最终外形，合并这三个涂层，将合并后的图层命名为进料泵。

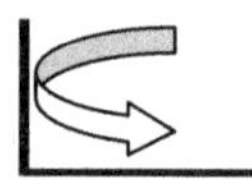

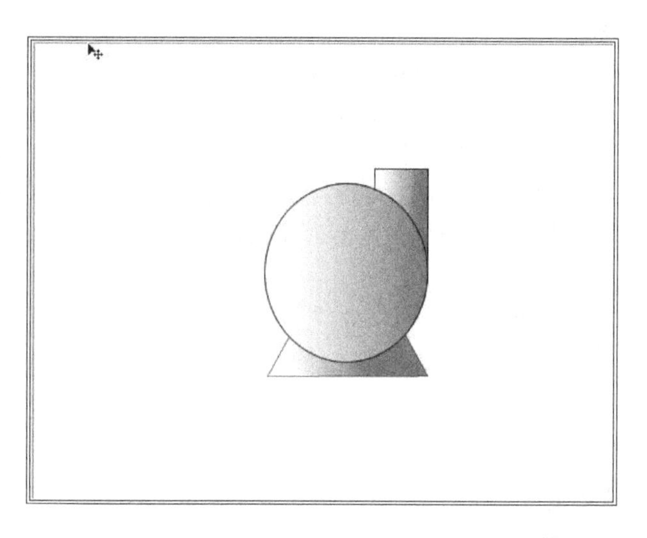

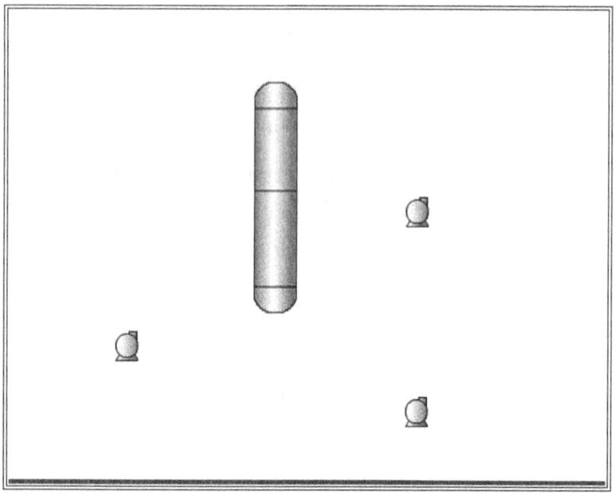

步骤 11

鼠标左键按住进料泵图层图标移动到新建图层命令图标位置，复制该涂层，再次执行一次，形成 3 个泵体图层。

注意：复制当前图层的快捷键是 Ctrl + J。

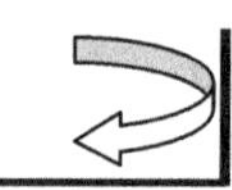

步骤 12

从标尺上端拖拽一条参考线到画面底端稍上位置，移动三个泵体图形，到参考线位置处对齐。

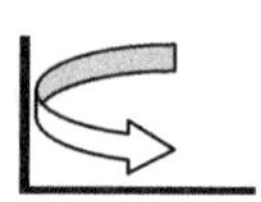

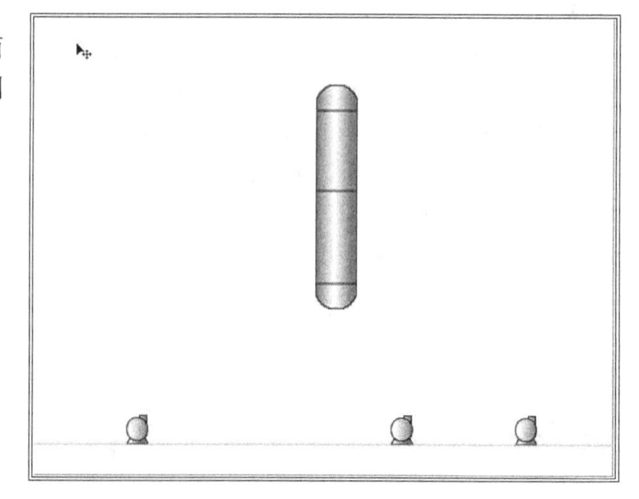

步骤 13

新建一个图层，选择多边形工具 ，在工具属性栏中设置边为 3，其他选项保持默认属性，前景色设为白色，在新图层上绘制三角形，参照步骤 4～5，对三角形描边。

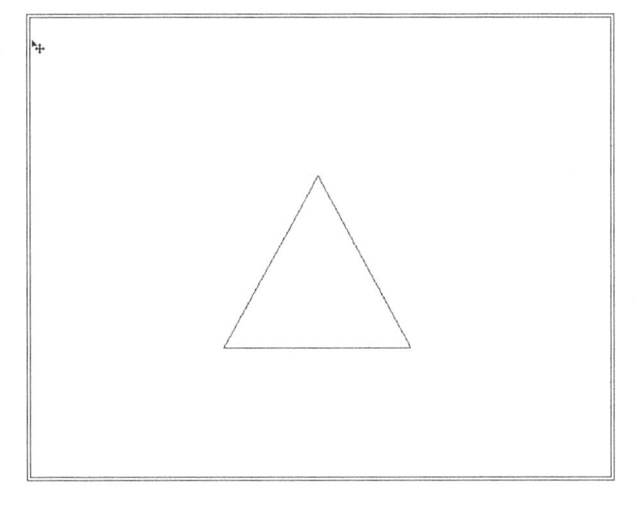

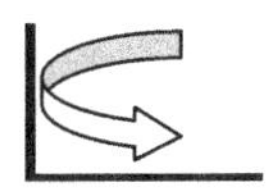

步骤 14

重复步骤 13，再画一个三角形，点【编辑】→【变换】→【垂直翻转】，适当移动位置，与步骤 13 所建图形组合成阀门形状，合并这两个图层，命名为阀门。

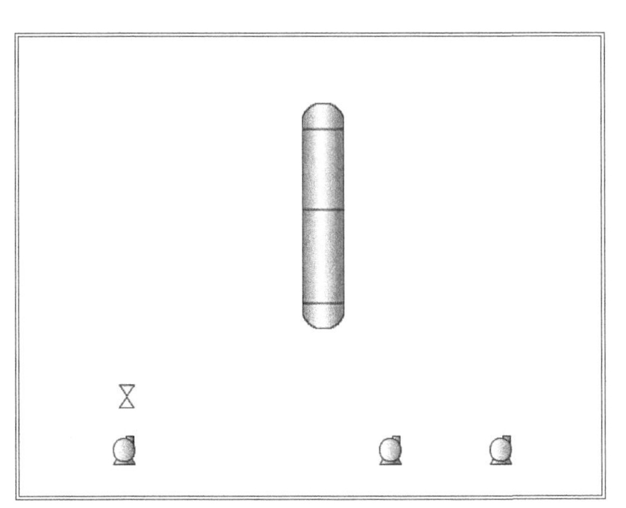

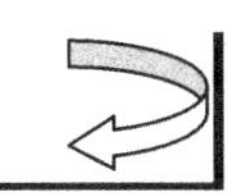

步骤 15

参照步骤 3～6，绘制回流罐。

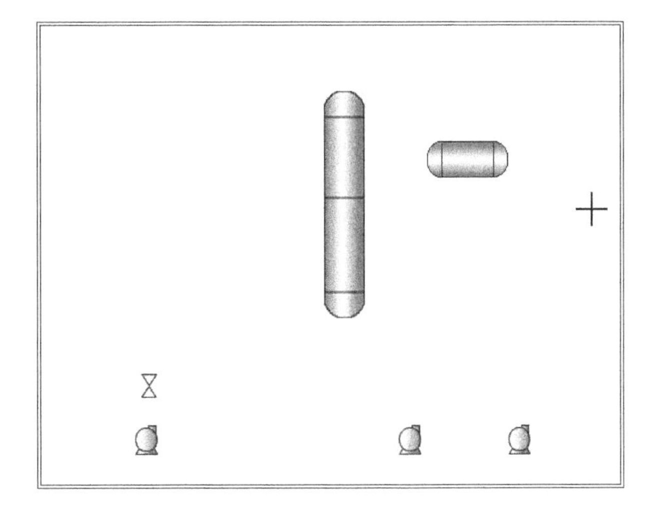

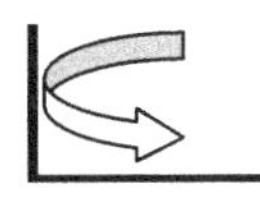

步骤 16

鼠标右键单击回流罐图层，选择复制图层选项，复制回流罐图层，改名为冷凝器。选用矩形选框工具在冷凝器中部填充白色，再用直线工具绘制一些线条。

注意：我们介绍了图层的三种复制方法。

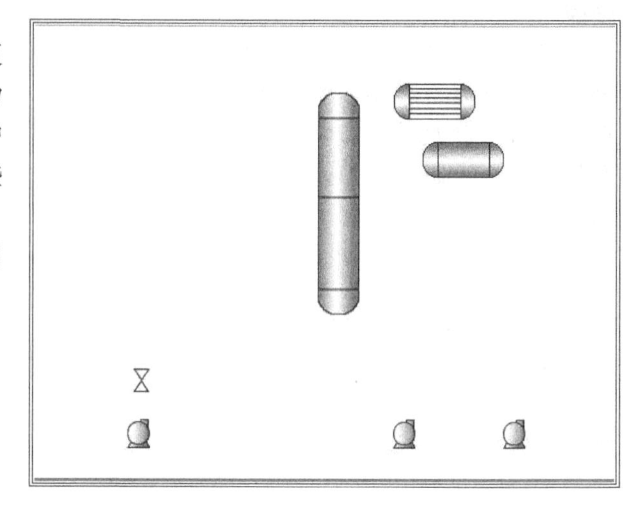

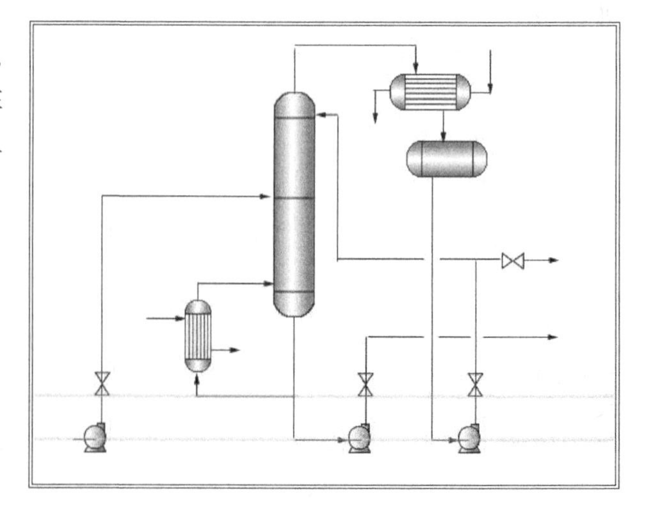

步骤 17

参照步骤 16，绘制再沸器。再复制 3 个阀门图层，至此，完成所有设备及零件绘制任务。

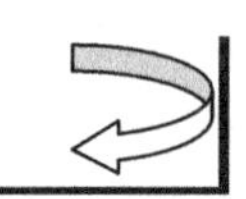

步骤 18

新建一个图层，选择直线工具，连接各设备，如果需要显示箭头，则在直线工具属性栏中选择，在对话框上勾选终点。

步骤 19

选择文字工具T，输入横排文字，输入各设备名称等信息，若需要直排文字，可选择直排文字工具↓T。

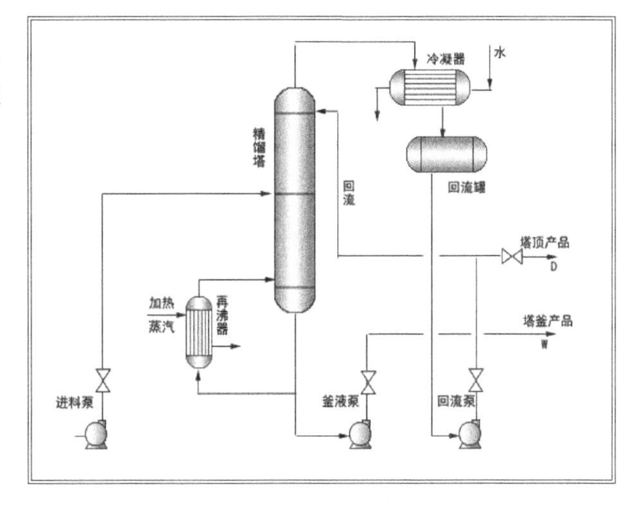

步骤 20

添加一个自己喜欢的颜色背景。

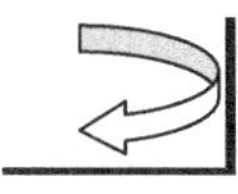

步骤 21

为流程图添加文字标识，完成最终效果。

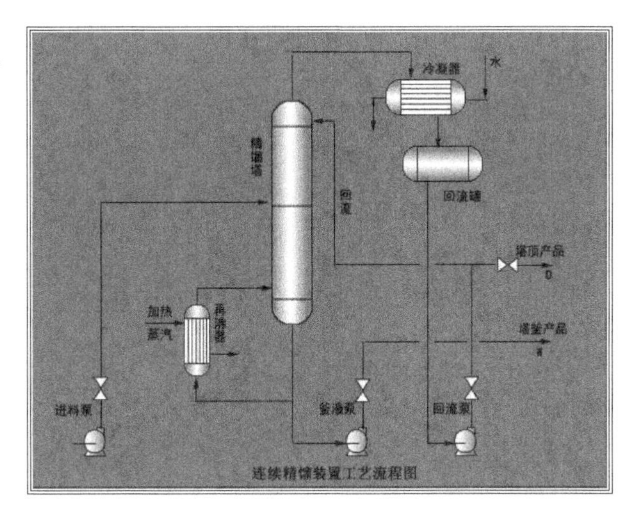

● 相关知识

CS6 版本的形状工具组内工具较之以往变化不大，依然包括矩形、圆角矩形、椭圆、多边形、直线、自定义形状工具等，但各个工具的属性栏却比以前版本变化较大，使用起来也方便多了。

形状工具组的选择工具模式共有三种选择模式，分别是形状、路径和像素。

形状：根据不同的路径样式来填充颜色（默认为填充前景色），路径和颜色都保存在图层中。

路径：根据不同的路径样式来获取路径，在这个状态下，只有路径没有颜色。

像素：根据不同的路径样式来获取颜色，在这个状态下，只有颜色而没有路径。

在本例中，已经介绍了直线、带箭头的直线、圆角矩形、正圆、三角形、矩形等基本图形以及由这些基本图形组成的复杂图形的绘制方法，下面再介绍几个其他图形的绘制方法（以绘制形状为例）。

1. 五角形

选择多边形工具，在工具属性栏中设置边为 5，点击，弹出选项控制面板，如下图：

半径：
平滑拐角
星形
缩进边依据：
平滑缩进

设置不同的参数，可以得到以下不同的形状，

具体设置参数的方法并不复杂，读者可以自行体验。

2. 自定义图形

PS 预置了很多形状，供我们画图时使用。

● 操作技巧

1. 利用直线工具可以绘制直线或带有不同方向箭头的直线。若向直线中添加箭头，可选

择直线工具，然后选择“起点”，即可在直线的起点添加一个箭头；选择“终点”即可在直线的末尾添加一个箭头。选择这两个选项可在两端添加箭头。

2.选择矩形形状、圆角矩形形状和椭圆形形状的工具时，按住 Shift 键的同时进行绘制，可以分别绘制正方形、圆角正方形和圆形的形状。

3. PS 预置了很多形状，在下拉菜单里，可以看到预置形状的各种样式。也可以在网上下载到各种形状，载入 PS 中，方便绘图。

4.在绘制路径的过程中，如果对绘制的图形不满意，可以用 CTRL＋Z 命令删除上一步的操作，要记住 CTRL＋Z 只能删除一步操作，再执行 CTRL＋Z 则又恢复了这步操作。如果需要连续删除几步的操作，则执行 CTRL＋ALT＋Z。

拓展任务　制作太极图

任务说明

佳楠参加了学院太极拳协会，她请佟雪为协会制作一幅太极图。

完成效果

任务攻略

步骤1：新建1个600×600像素的文件。

步骤2：从标尺位置拖拽纵横两条参考线，放在画布中间位置上。

步骤3：以参考线交点为圆心，画一个正圆，填充黑色。

步骤4：删除左侧半圆。

步骤5：以半圆的半径为直径画正圆选区，填充黑色。

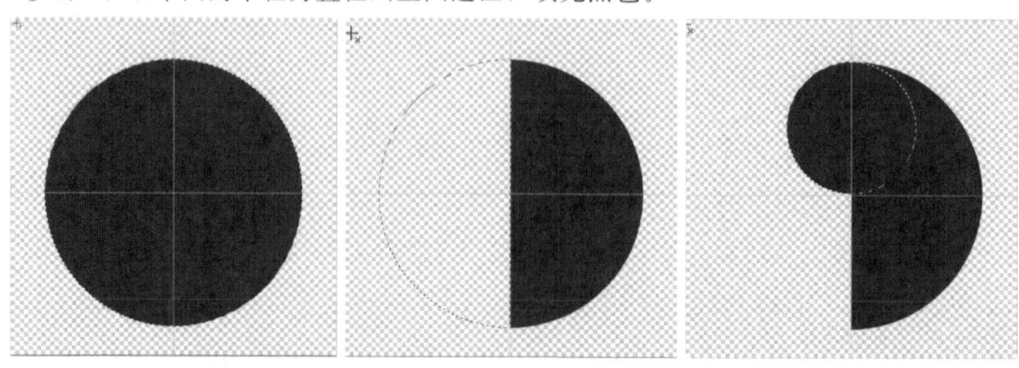

步骤 6：移动选区至图 4 位置，删除选区。

步骤 7：画一个小圆选区，填充白色。

步骤 8：复制做好的图层，旋转 180°图像，移动图像使两个图案紧密贴合。

  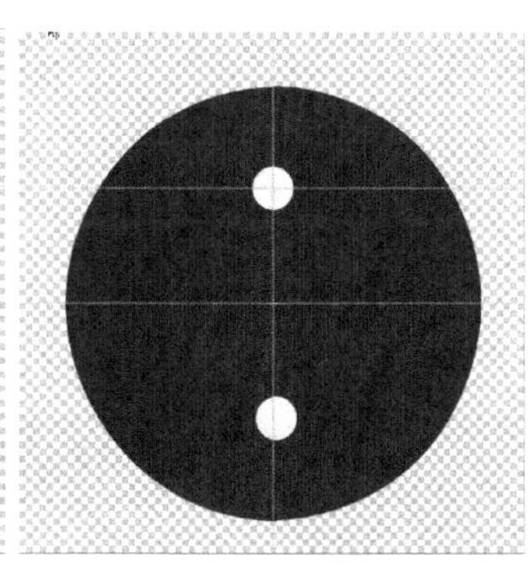

步骤 9：反相显示一个图层。

步骤 10：合并两个图层后，适当旋转缩放，添加一个红边。

步骤 11：添加黑色背景，并添加一个八边形黄色背景。

  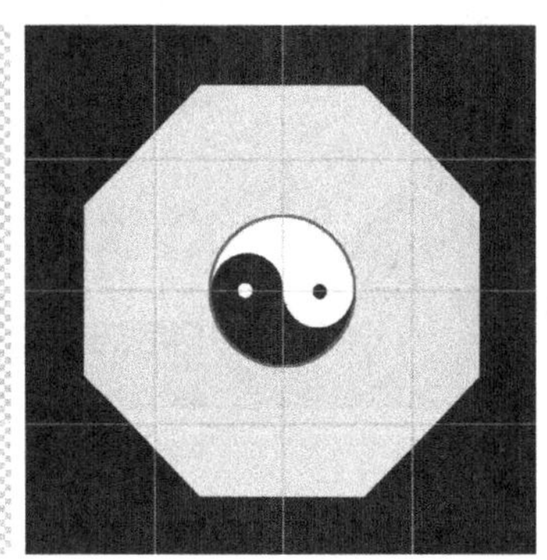

步骤 12：画出三条红杠。

步骤 13：复制三条红杠。

步骤 14：继续复制。

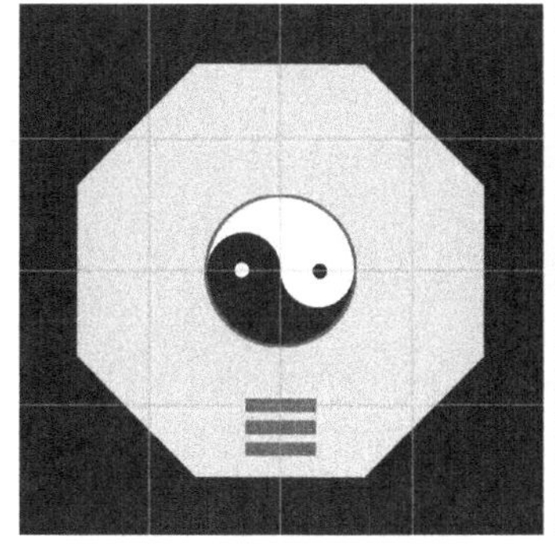 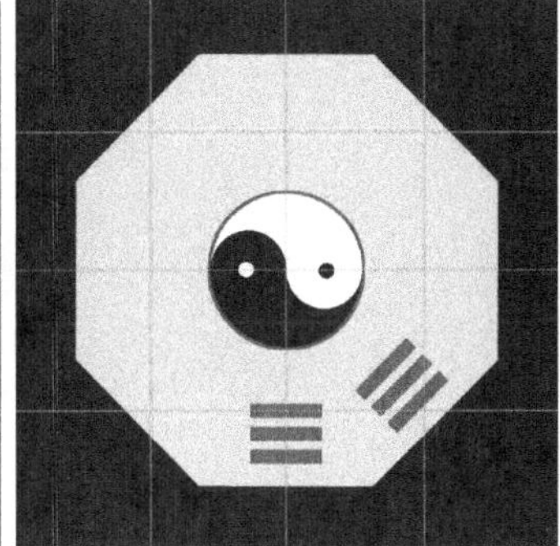 

步骤 15：制作遮盖层。

步骤 16：适当调整。

步骤 17：添加文字。

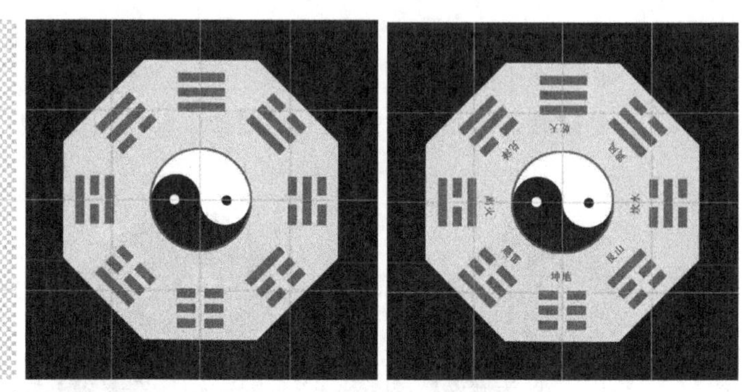

步骤 18：拼合图层，完成任务。

（效果一）

（效果二）

情境七 通道应用及图像调整

任务7　安全海报

任务说明

佟雪在下厂实训期间，看到车间的安全海报已经破旧，她就主动制作了一个安全海报送给车间，得到了企业的表扬。

任务要求如下：

➤ 海报背景应为工厂图片；

➤ 海报能够充分体现出安全的重要性；

➤ 海报的标语应清晰、醒目。

任务解析

根据任务要求，佟雪首先照了一张实训工厂的外景照片，同时又收集了一张工人素材图片。为了达到醒目的要求，还需要一句耳熟能详的标语。

完成效果

● 设计过程

步骤 1

打开 Photoshop CS6，Ctrl + N。新建文档“安全海报”。设置文件属性，宽度：800 像素，高度：600 像素，其他默认。

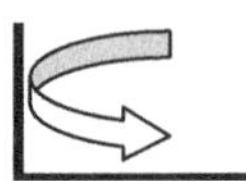

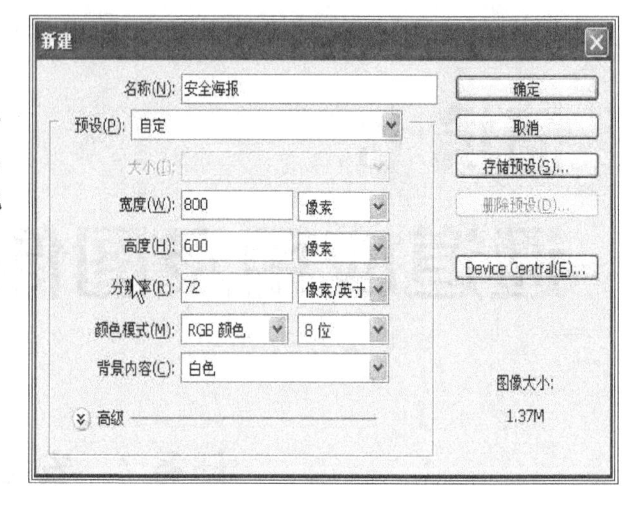

步骤 2

打开素材图片“工厂”，用移动工具将素材图片拖拽到新建文档中，形成图层 1，调整到合适位置。

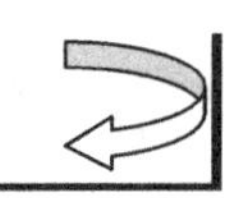

步骤 3

Ctrl + R 调出参考线，新建图层 2，利用矩形选框工具在 15 厘米下方创建选区。

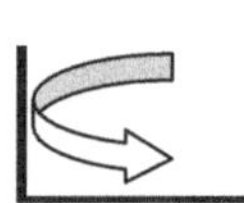

步骤 4

打开【拾色器】对话框，设置前景色为土黄色，颜色数值为（936d00）。为图层 2 填充颜色。Ctrl + D 取消选区。

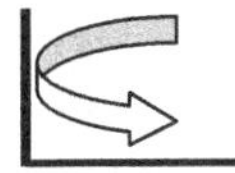

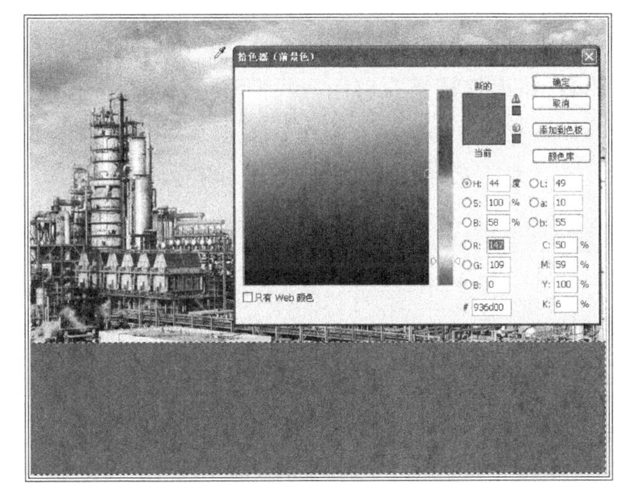

步骤 5

打开素材图片“工人”。选择菜单栏中【窗口】→【通道】，调出通道调板。

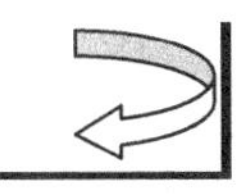

步骤 6

选择“绿”通道，然后将其拖拽到调板底部的“创建新通道”按钮上，复制“绿”通道。

注意：右键单击“绿”通道也可复制当前图层。

步骤 7

选择菜单栏【图像】→【调整】→【反相】，将人物调整为白色，我们将要选取白色区域。

注意：反相快捷键为 Ctrl + L。

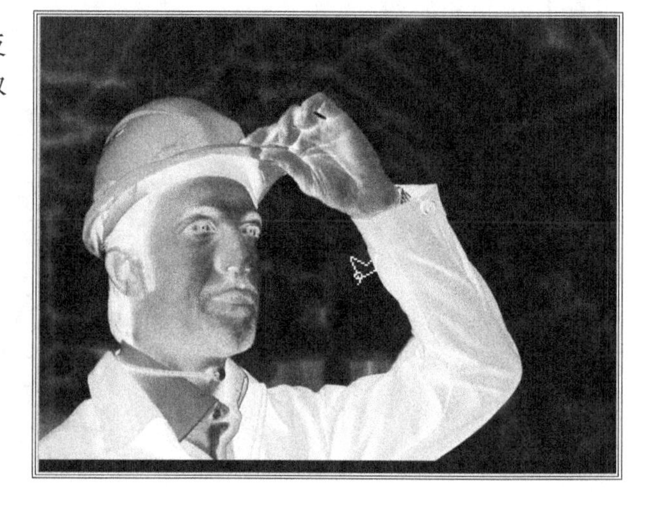

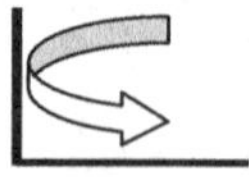

步骤 8

【选择图像】→【调整】→【色阶】将人物和背景的对比形成强烈的反差。

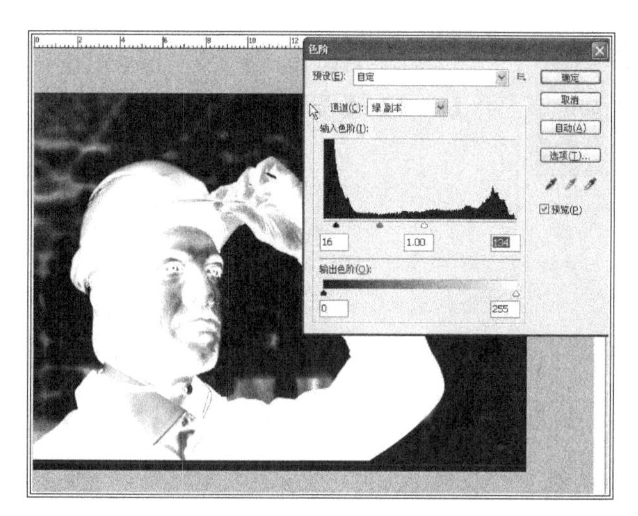

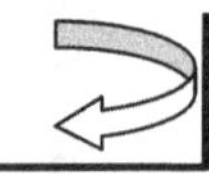

步骤 9

选择放大镜工具，将画面放大，利用多边形选框工具，将人物的暗部颜色填充白色。

注意：为了对比更佳，可反选将背景填充黑色。

步骤 10

按住Ctrl键，单击“绿”副本通道，得到人物选区。激活通道调板中的RGB通道，回到图层调板中，按Ctrl＋J组合键，生成选区内新图层。

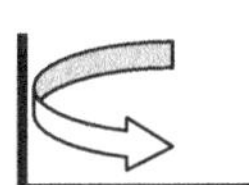

步骤 11

将已抠好的人物素材拖拽到安全海报文件中，并放到相应位置。打开素材图片“安全帽标志”，将其拖拽到“安全海报”文件中，并用【自由变换】命令缩放合适大小放到相应位置。

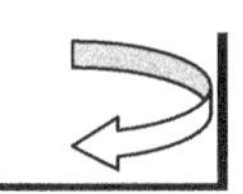

步骤 12

选择横排文字工具，设置文字字体为隶书，大小60点，颜色为白色。为海报添加警示标语。设置文字大小为20点，添加公司名称。

● 相关知识

一、通道

在 Photoshop CS6 中，通道是图像文件的一种颜色数据信息储存形式，它与 Photoshop CS6 图像文件的颜色模式密切关联，多个分色通道叠加在一起可以组成一幅具有颜色层次的图像。

在某种意义上来说，通道就是选区，也可以说通道就是存储不同类型信息的灰度图像。一个通道层同一个图像层之间最根本的区别在于：Photoshop CS6 图像的各个像素点的属性是以红、绿、蓝三原色的数值来表示的。而通道层中的像素颜色是由一组原色的亮度值组成。通俗的说，通道是一种颜色的不同亮度，是一种灰度图像。

利用通道可以将勾画的不规则选区存储起来，将选择存储为一个独立的通道层，需要选区时，就可以方便地从通道中将其调出。

二、通道面板：

在 Photoshop CS6 菜单栏单击选择“窗口”-“通道”命令，即可打开“通道面板”。在面板中将根据图像文件的颜色模式显示通道数量。

对于不同颜色模式的图像，其通道表示方法也是不一样的。RGB 模式图像的通道有 4 个，即 RGB 合成通道、R 通道、G 通道与 B 通道；CMYK 模式图像的通道有 5 个，即 CMYK 合成通道、C 通道（青色）、M 通道（洋红）、Y 通道（黄色）与 K 通道（黑色）。如图所示分别为 RGB 颜色模式和 CMYK 颜色模式。

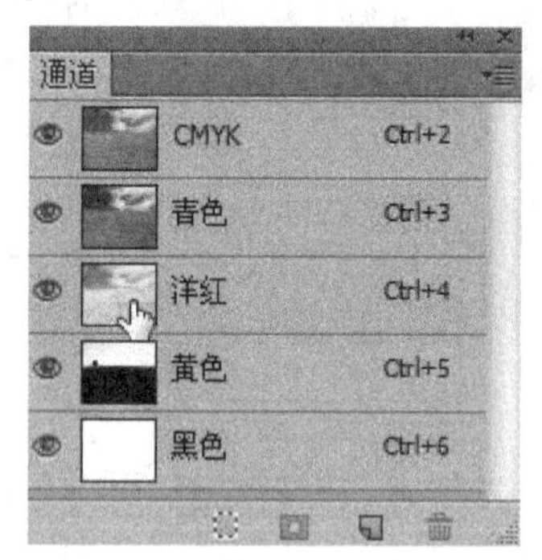

在 Photoshop CS6“通道面板”中可以通过直接单击通道选择所需通道，也可以按住【Shift】键单击选中多个通道。所选择的通道会以高亮的方式显示，当用户选择复合通道时，所有分色通道都将以高亮方式显示。

① “将通道作为选区载入”：单击该按钮，可以将通道中的图像内容转换为选区；按住【Ctrl】键单击通道缩览图也可将通道作为选区载入。

② “将选区存储为通道”：单击该按钮，可以将当前图像中的选区以图像方式存储在自动创建的 Alpha 通道中。

③ “创建新通道”：单击该按钮，即可在“通道面板”中创建一个新通道。

④ “删除当前通道”：单击该按钮，可以删除当前用户所选择的通道，但不能删除图像的原色通道。

拓展任务 一寸照

任务说明

佳楠同学现在对佟雪已经非常崇拜了，见她轻松完成了黑白照片变彩照的任务，马上又提出了一个更加现实的任务，说她正在赶制一份电子求职简历，可她只有日常生活照，求佟雪赶紧帮忙制作一份一寸职业工作照。

完成效果

任务攻略

步骤1：Ctrl+N新建文件，宽度为2.54厘米，高度为3.51厘米，分辨率为150像素/英寸。

步骤2：打开拾色器，设置前景色为红色，数值为（c42121），将背景填充前景色。

步骤3：打开素材图片“家庭照片”，利用学过的抠图方法，将女性人物拖拽到新建文件中，形成图层1。

步骤4：Ctrl+T选择自由变换命令，按住Shift将人物头像等比例缩放到合适大小。

步骤5：选择橡皮擦工具，将人物脖子以下图像擦除。

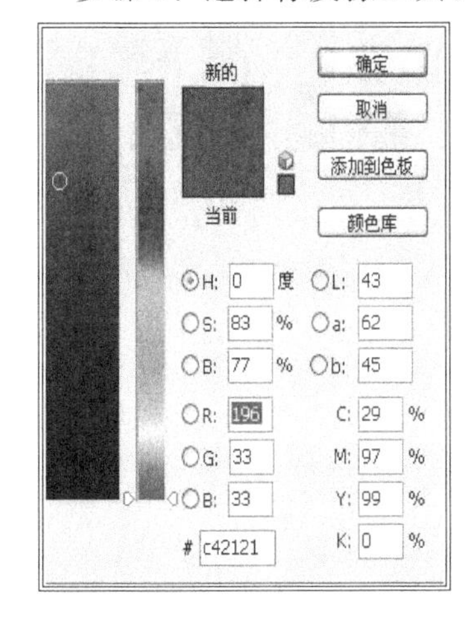

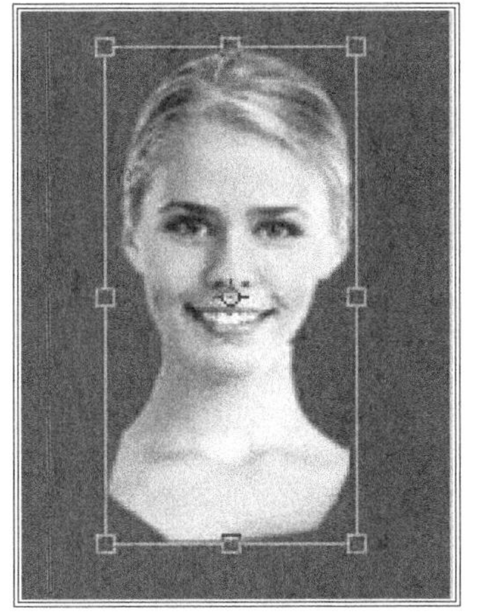

步骤 6：打开素材图片“照片 2”，我们将借用图像中的职业服装。选择钢笔工具，设置为路径，将服装部分扣取。

步骤 7：选择移动工具，将抠取部分拖拽到新建文件中，形成图层 2。

步骤 8：Ctrl+T 选择自由变换命令，按住 Ctrl 键调整四边，将图层 2 与图层 1 完美结合。

步骤 9：合并所有图层，打开菜单栏中【图像】→【画布大小】，设置选中【相对】对话框，宽度为 0.4 厘米，高度为 0.4 厘米，确定。

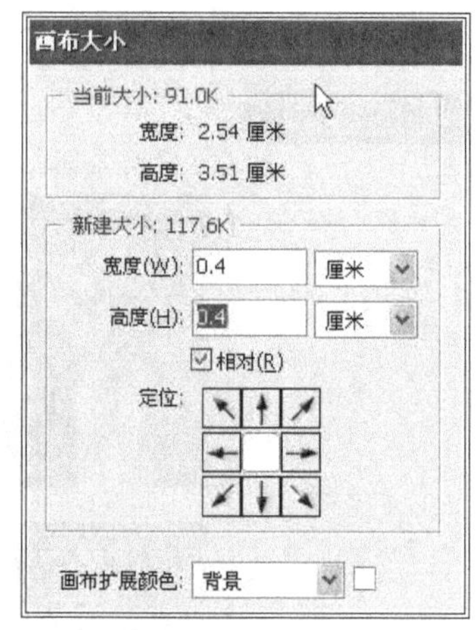

步骤 10：选择【编辑】→【定义图案】，将制作好的照片定义为图像。

步骤 11：Ctrl+N 新建文件，设置宽度为 11.6 厘米，高度为 7.8 厘米，分辨率 150 像素/英寸。

步骤 12：选择菜单栏中【编辑】→【填充】，使用自定图案，选择刚保存的照片图案。

步骤 13：将文件储存为 JPEG 格式。

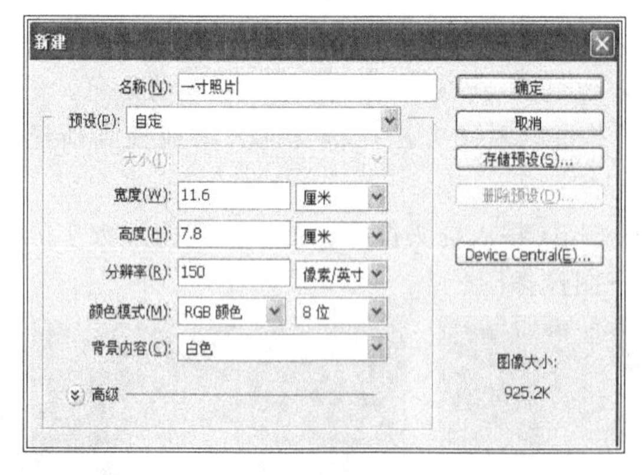

情境八

滤镜的应用

任务 8　禁烟宣传画制作

● 任务说明

佟雪制作的安全海报获得了车间师傅的一致好评，适值车间开展禁烟活动，车间主任便把制作禁烟宣传画的任务交给了佟雪。

任务要求如下：

1. 标识醒目；
2. 画面简洁；
3. 主题鲜明。

● 任务解析

按照任务要求，佟雪计划以黑色和红色为画面主色调，因为黑色彰显严肃，红色凸显危险的信息，红圈是标准的禁止符号，里面配上燃烧的香烟，能强烈地表达禁止吸烟的信息。

● 完成效果

设计过程

步骤 1

打开 Photoshop CS6，新建一个文件“禁烟宣传”。设置文件属性，大小：800×600（像素），分辨率 72 像素/英寸，颜色模式为 8 位 RGB，背景色为透明。单击确定按钮。

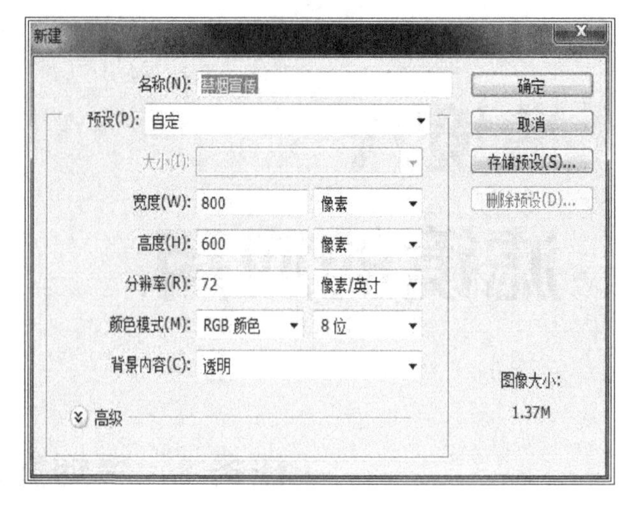

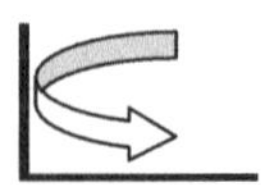

步骤 2

新建图层，用矩形选框工具画个长方形的选区，前景色设白色，背景色设为灰色（# bbb5b5），点渐变工具的对称渐变，从选区的偏中位置径直拉向外侧，形成烟体，将图层命名为“烟体”。

步骤 3

在图层面板上新建图层，前景色设置为浅棕色（# ed8b2c），按 Alt + Delete 填充前景色。

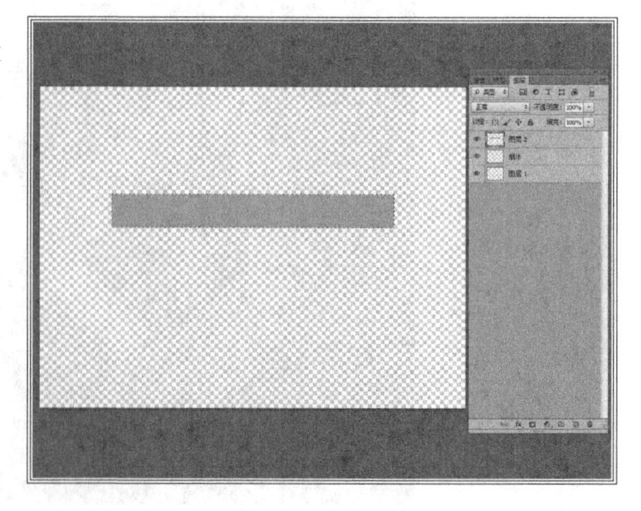

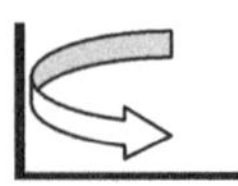

步骤 4

按Ctrl＋T，调整选区大小，点击移动工具后，出现对话框，点击确定按钮。

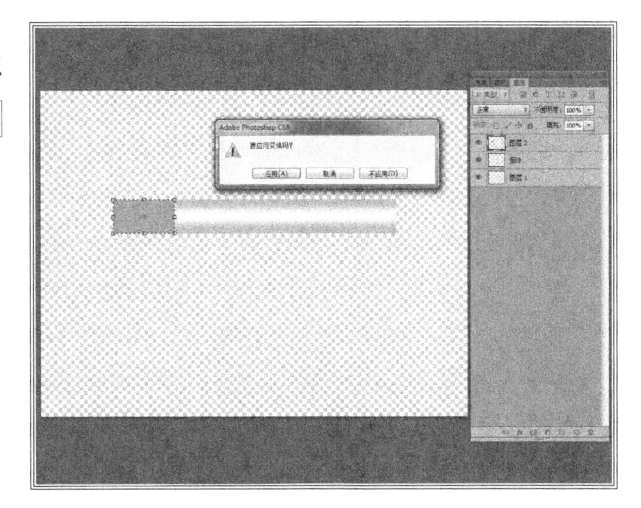

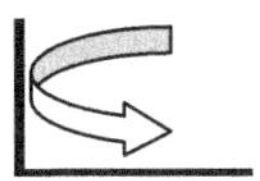

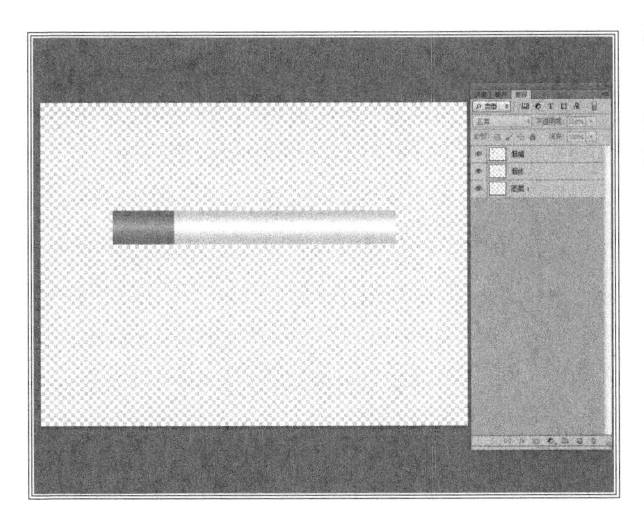

步骤 5

按Ctrl＋D取消选区，图层混合模式改为正片叠底，将图层命名为“烟嘴”。

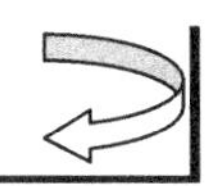

步骤 6

按住Shift，用套索工具画出多个选区。

注意：可适当放大烟嘴部位，方便选画。

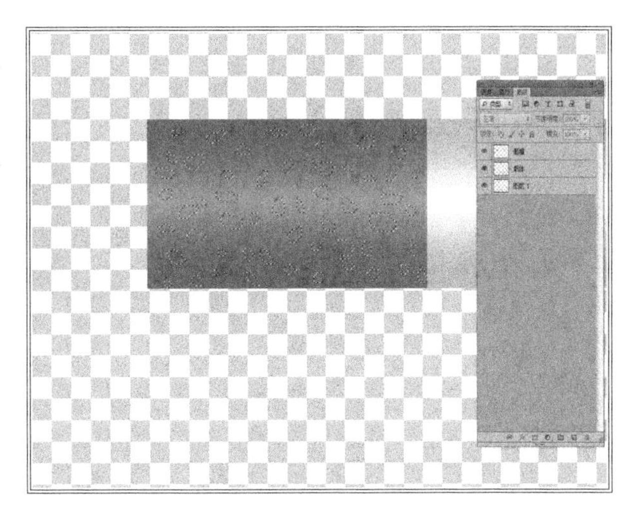

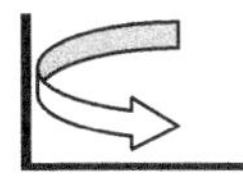

步骤 7

点【图像】→【调整】→【色阶】，获得图中效果。

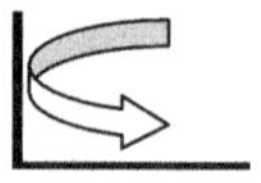

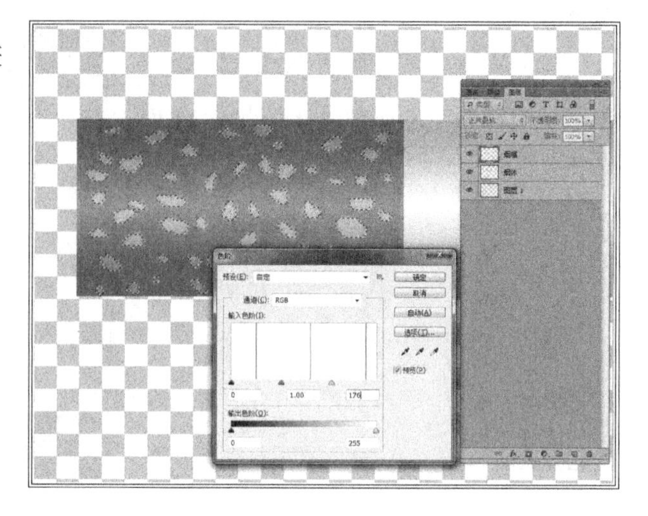

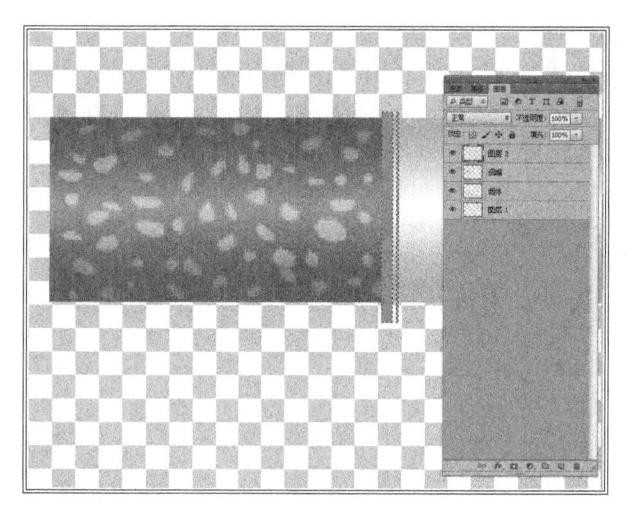

步骤 8

取消选区，新建一个图层，用矩形选框工具画出 2 条粗细不一的矩形选区，给选区填充颜色（♯ e3d02e）。

步骤 9

在当前图层，把烟体部分的图层载入选区（按住 Ctrl +鼠标左键在烟体的缩览图上点一下），反选 Ctrl + Shift + I，按 Delete 删除多余部分，图层混合模式选正片叠底。

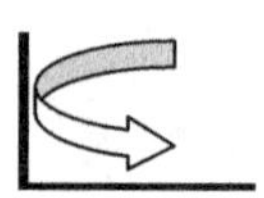

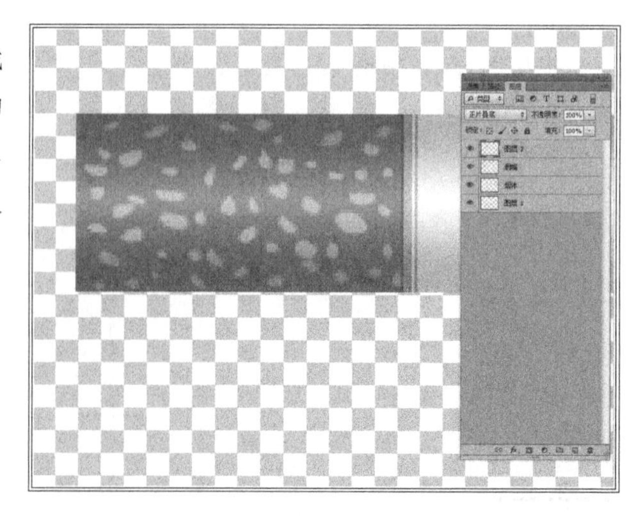

步骤 10

建立一个新文件，设置文件属性，大小：15×1（像素），分辨率 72 像素/英寸，颜色模式为 8 位 RGB，背景色为透明。单击确定按钮。

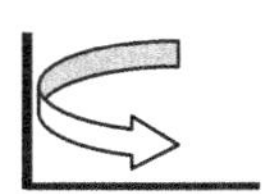

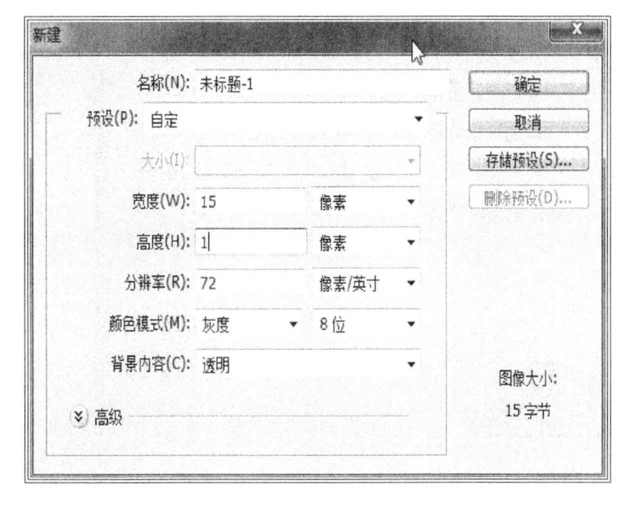

步骤 11

用画笔工具，笔尖为 1 像素，设前景色为（#848185），在图层的前端描一下，点击【编辑】→【定义图案】，输入文件名称，按确定，关闭文件。

注意：关闭文件时不必保存文件。

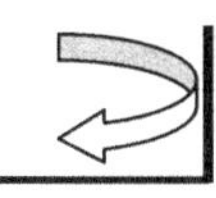

步骤 12

回到禁烟宣传文件上，新建一个图层，调出烟体选区。用油漆桶工具填充"纸纹"图案。

注意："纸纹"图案就是你刚保存的图案，一般就是最后一个图案。

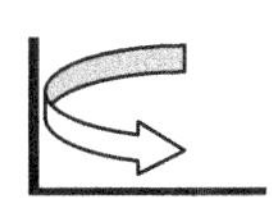

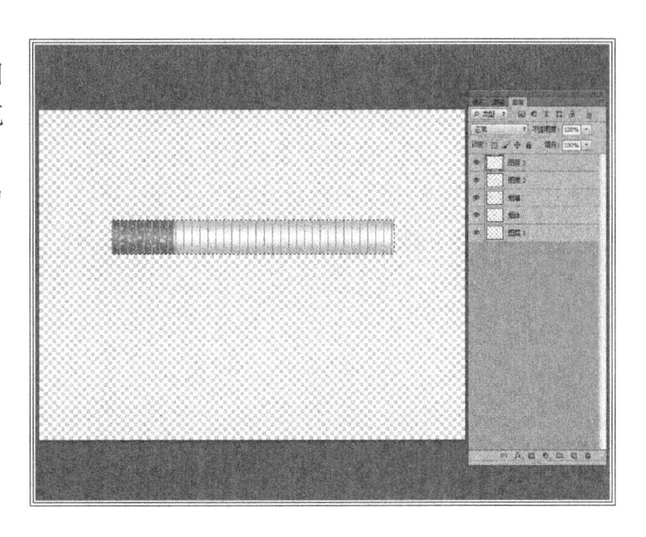

步骤 13

删除烟嘴部位的波纹，将图层混合模式设置为【滤色】。

注意：删除烟嘴部位的波纹可以直接用矩形选框工具方法，也可以采用调取图层的准确方法。

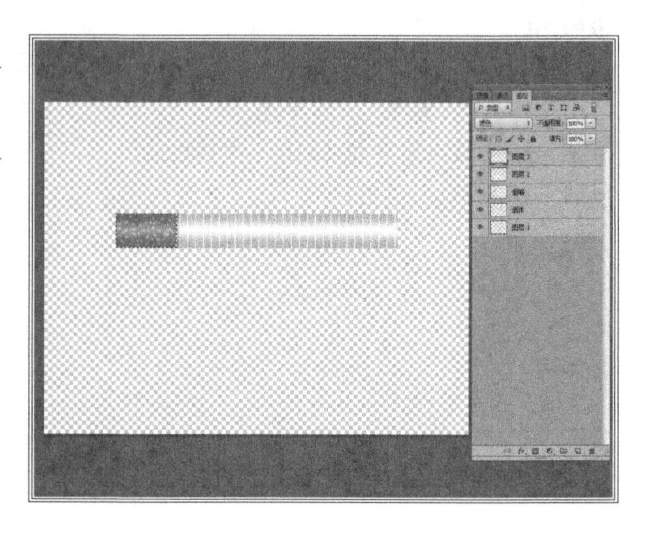

步骤 14

在图层面板上新建一个图层，用套索工具，画出烟灰的选区，羽化1～2个像素。

步骤 15

前景色设黑色，背景色设为白色，用渐变工具的线形渐变从选区从左向右拖拉；点【滤镜】→【杂色】→【添加杂色】，选【高斯模糊】，数量为【65%】，【单色】模式，单击确定按钮。

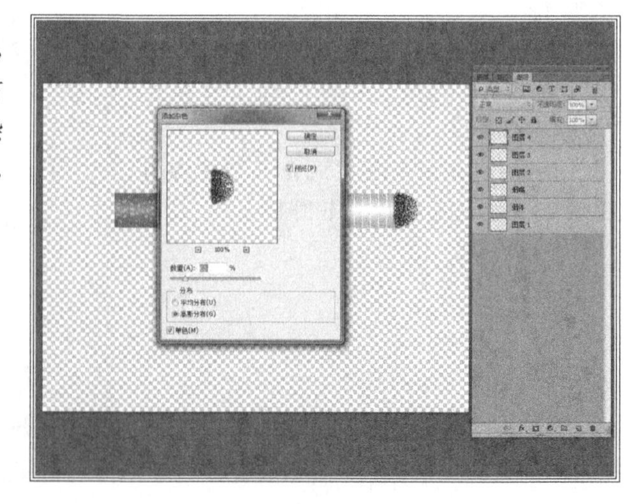

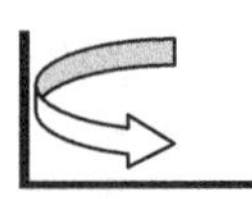

步骤 16

设置前景色（#ef1a24），选混合模式的画笔组，选 54 号画笔工具，在烟灰的上面，新建一个图层，用画笔点几下，图层混合模式设为“变亮”。

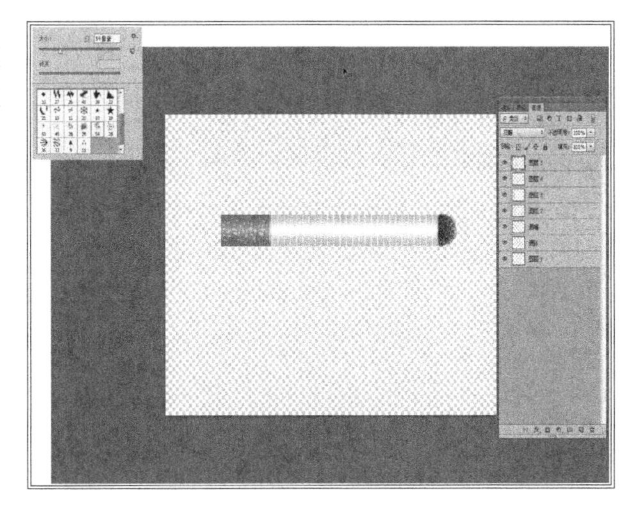

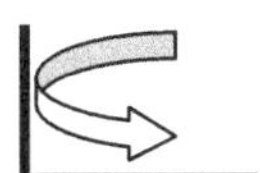

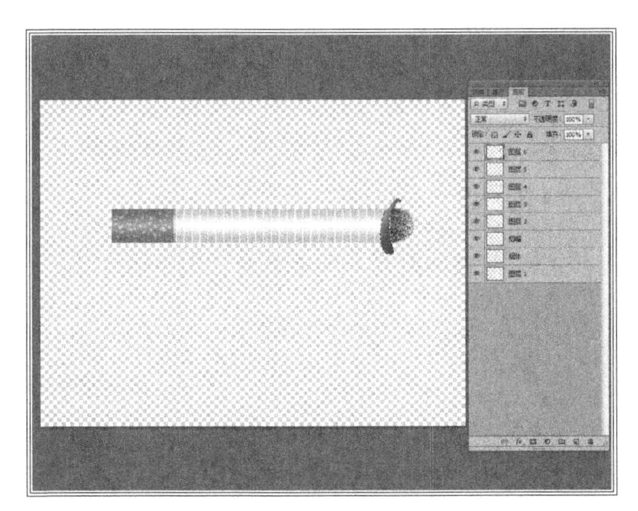

步骤 17

新建图层，用套索工具在烟头紧邻烟灰的位置画出如图的选区，使用渐变工具，画出烟油的大致效果。

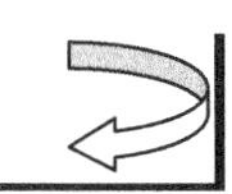

步骤 18

按Ctrl+J，复制刚才的渐变图层，下层图层混合模式设置为“颜色加深”，上层设置为“变暗”，把多余的删掉。

注意：删除多余部位的方法参照步骤 13。

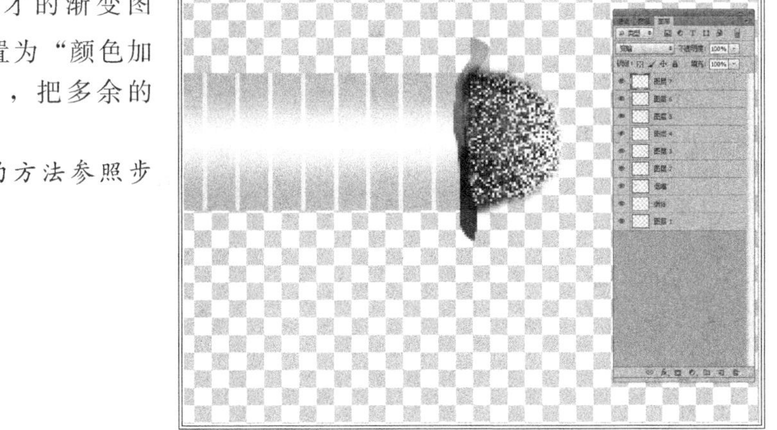

步骤 19

按住Ctrl＋Alt＋Shift＋E盖印图层，隐藏其他图层，用橡皮擦除烟嘴边角，用套索工具圈选选区，按Ctrl＋M，调整曲线，使烟嘴看起来像被吸过一样。

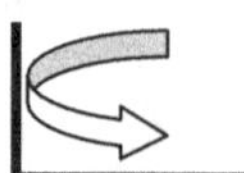

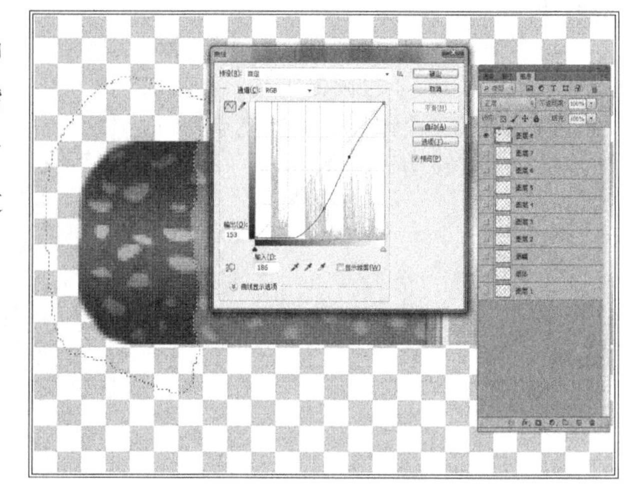

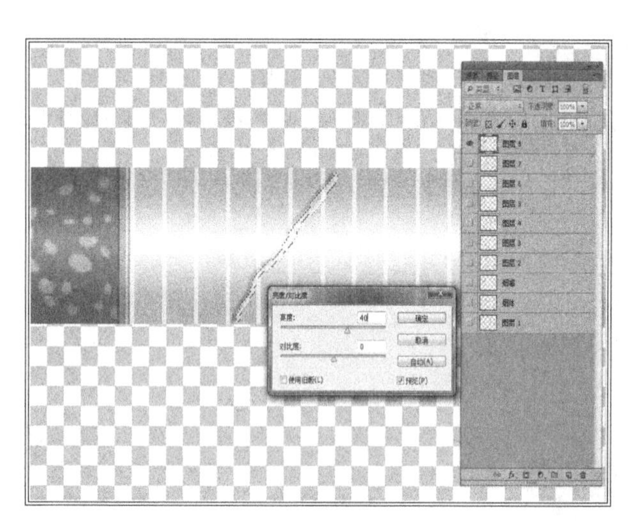

步骤 20

用套索工具画出选区，点击【图像】→【调整】→【亮度/对比度】，亮度调低到－40，横向微移选区，亮度调高到40；重复此步，多做几条皱褶。

注意：不要做成一样了，亮度和形状稍加改动，效果就会有所不同。

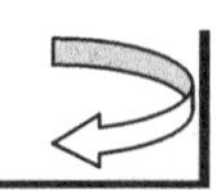

步骤 21

按Ctrl＋G，将所有图层编组，组命名为“烟形”；按Ctrl＋T，调整烟体的位置及角度，添加黑色背景，完成烟体制作。

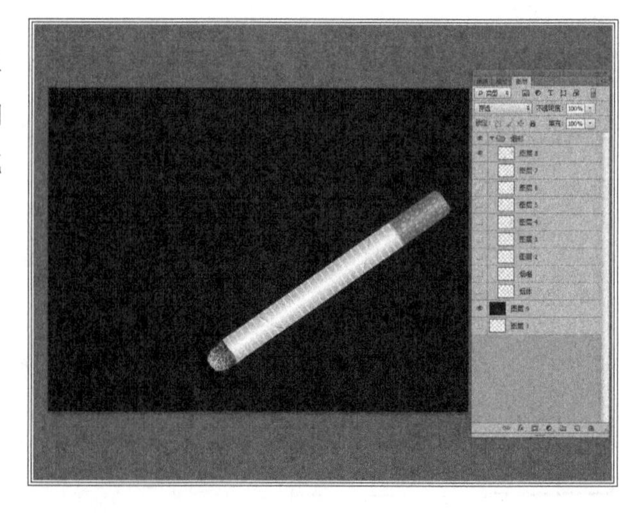

步骤 22

建一个新通道，用白色喷枪画一个 y 形状。

注意：y 形状不是唯一的制作方法，读者可在熟练后自行体会制作技巧。

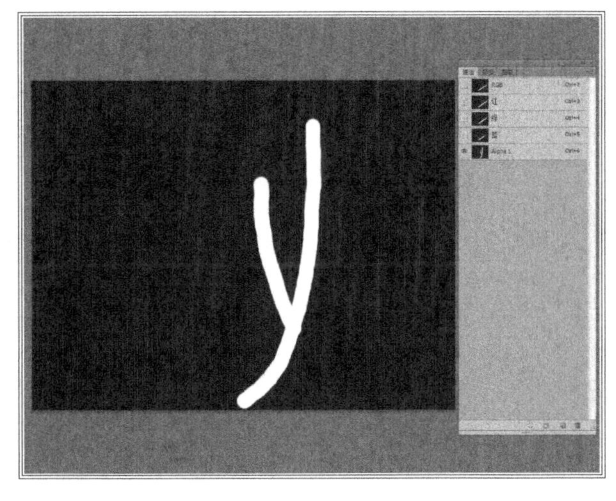

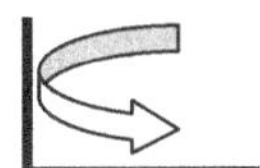

步骤 23

点击【滤镜】→【模糊】→【高斯模糊】，模糊半径设为 10.0，按 确定 按钮。

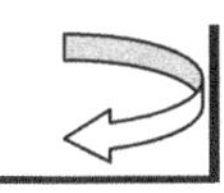

步骤 24

使用涂抹工具，强度设为 50%～70%，让形状长出很多毛刺来。

注意：尾端稍细较好。

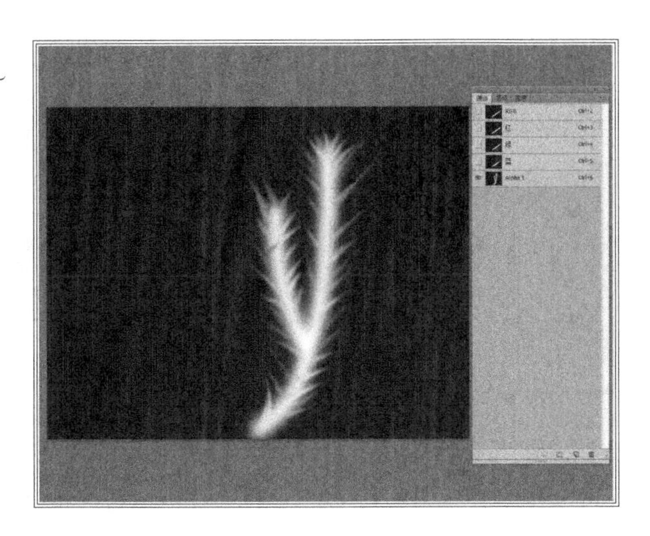

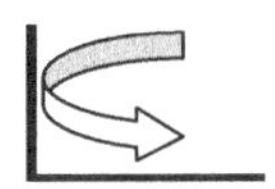

步骤 25

点击【滤镜】→【扭曲】→【波浪】，参数设置如图，按确定按钮；重复本步骤，以获得较佳效果。

注意：重复使用滤镜特效的快捷键是Ctrl+F。

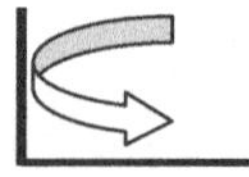

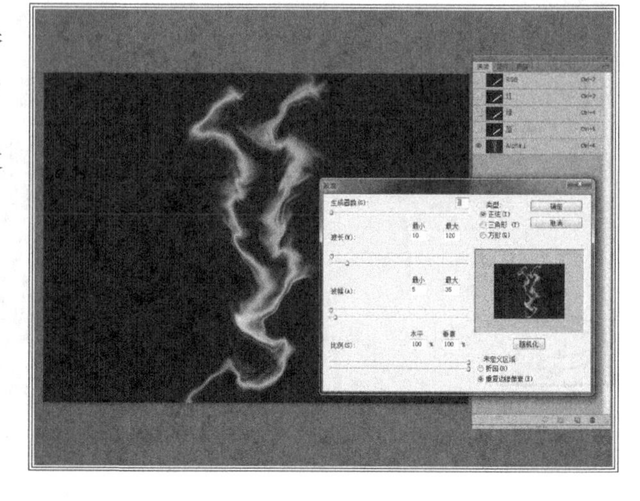

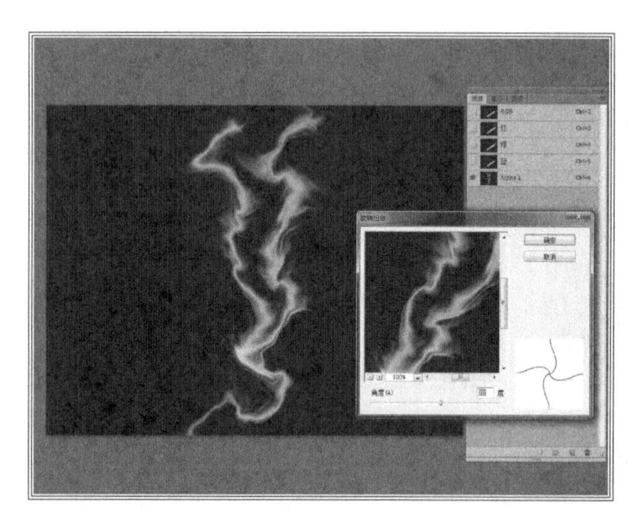

步骤 26

点击【滤镜】→【扭曲】→【旋转扭曲】，旋转角度设置为 70°，按确定按钮。

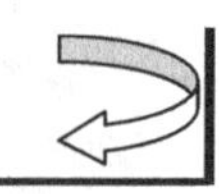

步骤 27

点击【滤镜】→【其他】→【最小值】，半径设置为 1 像素，按确定按钮。

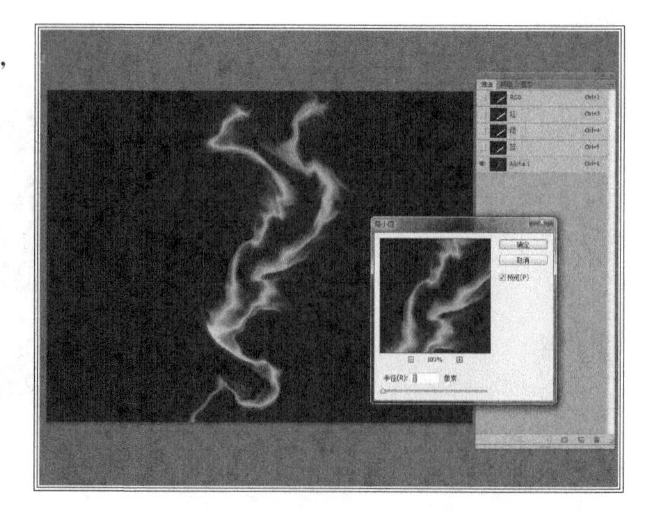

步骤 28

将本通道作为选区载入，新建一个图层，命名为“烟雾”，填充白色。

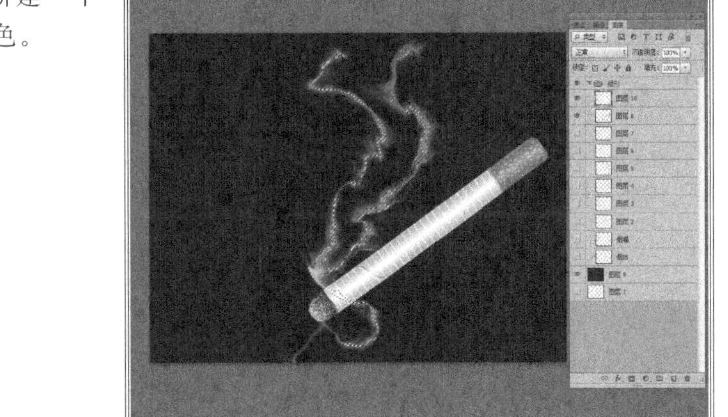

步骤 29

点击【编辑】→【变换】→【水平翻转】，点击【编辑】→【变换】→【透视】，适当调整，按移动按钮，按 应用 按钮，完成烟雾的制作。

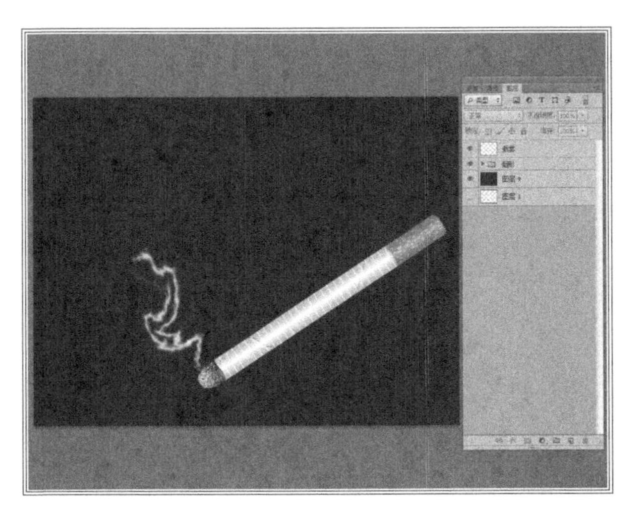

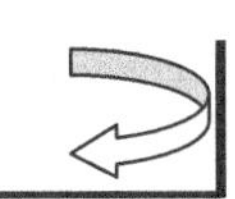

步骤 30

从标尺里面拖拽水平及垂直两条参考线，选用椭圆工具，选择工具模式为“路径”，按住 Alt + Shift 在参考线交点处先画一个正圆，路径操作选项选“减去顶层形状”，继续再画一个小圆，形成一个圆环路径，将路径做为选区载入，新建图层，填充红色。

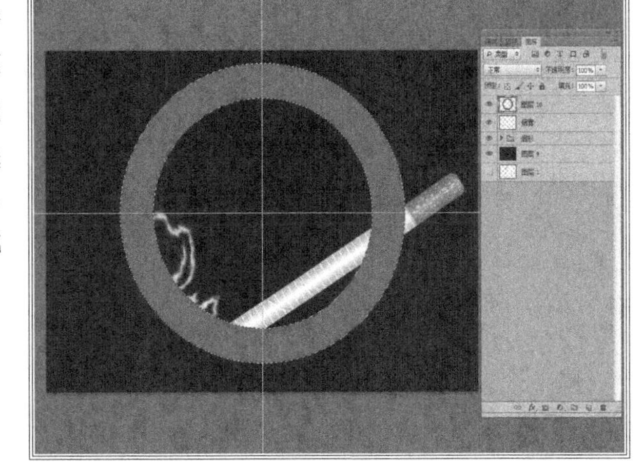

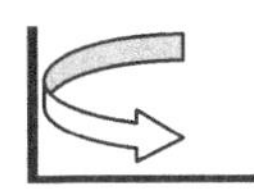

步骤 31

使用标尺工具，测量圆环的宽度，使用矩形选框工具，样式选取“固定大小”，宽度设置为【450 像素】，高度设置为【62 像素】（圆环的测量值），以参考线交点为中心，画一个矩形，填充红色（圆环的颜色），旋转 45°。

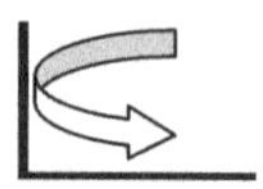

步骤 32

调出烟体及烟雾图层，调整位置；用椭圆工具圈选一个比红色圆圈的内圈稍大一点的圆圈路径，选T工具，在路径上点击，输入“禁止吸烟”文字，文字大小为【48 像素】，白色字体，调到合适位置。

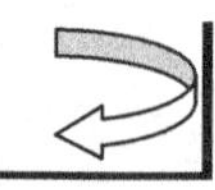

步骤 33

用椭圆工具圈选一个比红色圆圈的外圈稍小一点的圆圈路径，选T工具，输入“NO SMOKING”，文字大小为【48 像素】，白色字体，删除参考线，适当调整各图层大小及位置，完成最终效果图。

注意：用路径选择工具来移动文字，就可以在外圈和内圈之间切换。

● 相关知识

为了丰富照片的图像效果，摄影师们在照相机的镜头前加上各种特殊影片，这样拍摄得到的照片就包含了所加镜片的特殊效果。即称为“滤色镜”。特殊镜片的思想延伸到计算机的图像处理技术中，便产生了“滤镜（Filer）”，也称为“滤波器”，是一种特殊的图像效果处理技术。

Photoshop CS6 提供了多达百种的滤镜，这些滤镜经过分组归类后放在“滤镜”菜单中。同时 Photoshop CS6 还支持第三方开发商提供的增效工具，安装后这些增效工具滤镜出现在“滤镜”菜单的底部，使用方法同内置滤镜。

高斯模糊　Ctrl+F
转换为智能滤镜
滤镜库(G)...
自适应广角(A)...　Shift+Ctrl+A
镜头校正(R)...　Shift+Ctrl+R
液化(L)...　Shift+Ctrl+X
油画(O)...
消失点(V)...　Alt+Ctrl+V
风格化
模糊
扭曲
锐化
视频
像素化
渲染
杂色
其它
Digimarc
浏览联机滤镜...

1. 滤镜库

Photoshop CS6“滤镜库”是整合了多个常用滤镜组的设置对话框。利用 Photoshop CS6“滤镜库”可以累积应用多个滤镜或多次应用单个滤镜，还可以重新排列滤镜或更改已应用的滤镜设置。

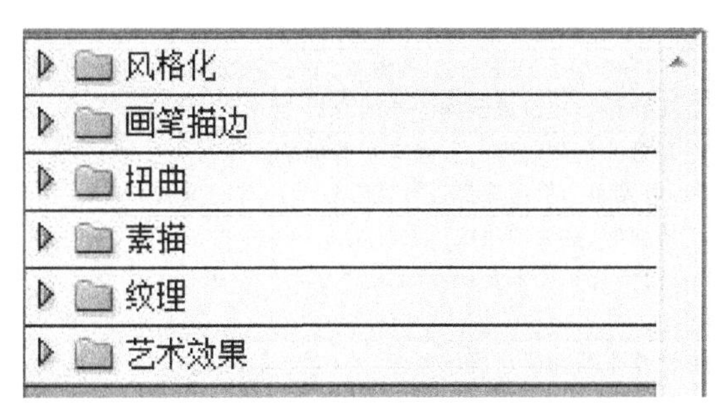

(1) 风格化

照亮边缘：该滤镜能使图像产生比较明亮的轮廓线，从而产生一种类似于霓虹灯的亮光效果。善于处理带有文字的图像。

（2）画笔描边

滤镜画笔描边滤镜主要通过模拟不同的画笔或油墨笔刷来勾绘图像，产生绘画效果。

组内滤镜名称	功能和作用
成角的线条	该滤镜可以产生斜笔画风格的图像，类似于使用画笔按某一角度在画布上用油画颜料所涂画出的斜线，线条修长、笔触锋利，效果比较好看。也有人叫它“倾斜线条”滤镜
油墨概况	该滤镜可以产生使用墨水笔勾画图像轮廓线的效果，使图像具有比较明显的轮廓。该滤镜也译为“彩色速写”滤镜
喷溅	该滤镜可以产生如同在画面上喷洒水后形成的效果，或有一种被雨水打湿的视觉效果。也有人叫它“雨滴”滤镜
喷色描边	该滤镜可以产生一种按一定方向喷洒水花的效果，画面看起来有如被雨水冲刷过一样。也有人叫它“喷雾”滤镜
强化的边缘	该滤镜类似于使用彩色笔来勾画图像边界而形成的效果，使图像有一个比较明显的边界线。也有人叫它“加粗边线”滤镜
深色线条	该滤镜通过用短而密的线条来绘制图像中的深色区域，用长而白的线条来绘制图像中颜色较浅的区域，从而产生一种很强的黑色阴影效果
烟灰墨	该滤镜可以通过计算图像中像素值的分布，对图像进行概括性的描述，进而产生用饱含黑色墨水的画笔在宣纸上进行绘画的效果。它能使带有文字的图像产生更特别的效果，所以有人也称它为“书法”滤镜
阴影线	该滤镜可以产生具有十字交叉线网格风格的图像，就如同在粗糙的画布上使用笔刷画出十字交叉线作画时所产生的效果一样，给人一种随意编制的感觉，有人称它为“十字交叉斜线”滤镜

（3）扭曲

组内滤镜名称	功能和作用
玻璃	该滤镜能模拟透过玻璃来观看图像的效果，并能根据用户选用的玻璃纹理来生成不同的变形效果
海洋波纹	该滤镜为图像表面增加随机间隔的波纹，使图像看起来好像是在水面下
扩散亮光	该滤镜可以产生一种图像被火炉等灼热物体所烘烤而形成的效果，原图像中比较明亮的区域将被背景色所感染，灯光效果发生改变。也有人称其为“漫射灯光”

（4）素描

滤镜素描滤镜用来在图像中添加纹理、使图像产生模拟素描、速写及三维的艺术效果。需要注意的是，许多素描滤镜在重绘图像时使用前景色和背景色。

组内滤镜名称	功能和作用
切变	该滤镜能根据用户在对话框中设置的垂直曲线来使图像发生扭曲变形，产生比较复杂的扭曲效果
半调图案	该滤镜使用前景色和背景色在当前图片中产生半色调图案的效果。执行完半调图案之后，图像以前的色彩将被去掉，以灰色为主
便条纸	该滤镜能够产生好像是手工制纸构成的图像。图像中较暗部分用情景色处理，较亮部分用背景色处理
粉笔和炭笔	该滤镜产生一种粉笔和炭精涂抹的草图效果
铬黄	该滤镜产生光滑的铬质效果。看起来有些抽象。执行完滤镜铬黄命令之后，图像的颜色将失去，只存在黑灰两种，但表面会根据图像进行铬黄纹理。有些像波浪
绘图笔	该滤镜使用精细的、直线油墨线条来捕捉原图像中的细节，产生一种素描的效果。对油墨线条使用前景色，对纸张使用背景色来替换原图像中的颜色。执行完绘图笔命令后，当前图案没有彩色，只存在黑白两色
基底凸现	该滤镜产生一种粗糙类似浮雕的效果，并用光线照射强调表面变化的效果。在图像较暗区域使用前景色，较亮的区域使用背景色。执行完这个命令之后，当前文件图像颜色只存在黑灰白三色
石膏效果	可以按 3D 效果塑造图像，然后使用前景色与背景色为结果图像找色，图像中的暗区凸起，亮区凹陷
水彩画纸	该滤镜使图像好像是绘制在潮湿的纤维上，颜色溢出、混合、产生渗透的效果

续表

组内滤镜名称	功能和作用
撕边	该滤镜重新组织图像为被撕碎的纸片效果，然后使用前景色和背景色为图片上色。比较适合有文本或对比度高的图像
炭笔	该滤镜产生炭精画的效果。图像中主要的边缘用粗线绘画，中间色调用对角细线条素描。其中炭笔为前景色，纸张为背景色。执行完滤镜中炭笔命令之后，图像的颜色只存在黑灰白三种颜色
炭精笔	可以在图像上模拟浓黑和纯白的炭精笔纹理，暗区使用前景色，亮区使用背景色。为了获得更逼真的效果，可以在应用滤镜之前将前景色改为通用的炭精笔颜色，如黑色、深褐色和血红色。要获得减弱的效果，可以将背景色改为白色，在白色背景中添加一些前景色，然后再应用滤镜
图章	该滤镜使图像简化、突出主体，看起来像是用橡皮或木制图章盖上去的效果，一般用于黑白图像
网状	该滤镜模仿胶片感光乳剂的受控收缩和扭曲的效果，使图像的暗色调区域好像被结块，高光区域好像被轻微颗粒化
影印	该滤镜产生凹陷压印的立体感效果。当执行完影印效果之后，计算机会把之前的色彩去掉，当前图像只存在棕色

（5）纹理

纹理滤镜主要用于生成具有纹理效果的图案，使图像具有质感。该滤镜在空白画面上也可以直接工作，并能生成相应的纹理图案。

组内滤镜名称	功能和作用
龟裂缝	该滤镜可以产生将图像弄皱后所具有的凹凸不平的皱纹效果，与龟甲上的纹路十分相似。它也可以在空白画面上直接产生具有皱纹效果的纹理
颗粒	该滤镜可以为图像增加一些杂色点，使图像表面产生颗粒效果，这样图像看起来就会显得有些粗糙
马赛克拼贴	该滤镜用于产生类似马赛克拼成的图像效果，它制作出的是位置均匀分布但形状不规则的马赛克，因此严格来讲它还不算是标准的马赛克
拼缀图	该滤镜在“马赛克拼贴”滤镜的基础上增加了一些立体感，使图像产生一种类似于建筑物上使用瓷砖拼成图像的效果。也有人将它称为“拼图游戏”滤镜
染色玻璃	该滤镜可以将图像分割成不规则的多边形色块，然后用前景色勾画其轮廓，产生一种视觉上的彩色玻璃效果
纹理化	该滤镜可以往图像中添加不同的纹理，使图像看起来富有质感。它尤其擅长处理含有文字的图像，使文字呈现比较丰富的特殊效果

（6）艺术效果

艺术滤镜就像一位熟悉各种绘画风格和绘画技巧的艺术大师，可以使一幅平淡的图像变成大师的力作，且绘画形式不拘一格。它能产生油画、水彩画、铅笔画、粉笔画、水粉画等各种不同的艺术效果。

组内滤镜名称	功能和作用
壁画	该滤镜能强烈地改变图像的对比度，使暗调区域的图像轮廓更清晰，最终形成一种类似古壁画的效果
彩色铅笔	该滤镜模拟使用彩色铅笔在纯色背景上绘制图像。主要的边缘被保留并带有粗糙的阴影线外观，纯背景色通过较光滑区域显示出来
粗糙蜡笔	该滤镜可以产生具有在粗糙物体表面（即纹理）上绘制图像的效果。该滤镜既带有内置的纹理，又允许用户调用其他文件作为纹理使用
底纹效果	该滤镜能够产生具有纹理的图像，看起来图像好像是从背面画出来的。该滤镜又译为“背面作画”滤镜
干画笔	该滤镜能模仿使用颜料快用完的毛笔进行作画，笔迹的边缘断断续续、若有若无，产生一种干枯的油画效果
海报边缘	该滤镜的作用是增加图像对比度并沿边缘的细微层次加上黑色，能够产生具有招贴画边缘效果的图像，也有点木刻画的近似效果

续表

组内滤镜名称	功能和作用
海绵	该滤镜将模拟在纸张上用海绵轻轻扑颜料的画法，产生图像浸湿后被颜料洇开的效果
绘画涂抹	该滤镜可以理解为一种在比较拙劣的绘画技法下所画的图。它能产生类似于在未干的画布上进行涂抹而形成的模糊效果
胶片颗粒	该滤镜能够在给原图像加上一些杂色的同时，调亮并强调图像的局部像素。它可以产生一种类似胶片颗粒的纹理效果，使图像看起来如同早期的摄影作品
木刻	该滤镜使图像好像由粗糙剪切的彩纸组成，高对比度图像看起来像黑色剪影，而彩色图像看起来像由几层彩纸构成
霓虹灯光	该滤镜能够产生负片图像或与此类似的颜色奇特的图像，看起来有一种氖光照射的效果
水彩	该滤镜可以描绘出图像中景物形状，同时简化颜色，进而产生水彩画的效果。该滤镜的缺点是会使图像中的深颜色变得更深，效果比较沉闷，而真正的水彩画特征通常是浅颜色
塑料包装	该滤镜可以产生塑料薄膜封包的效果，使“塑料薄膜”沿着图像的轮廓线分布，从而令整幅图像具有鲜明的立体质感
调色刀	该滤镜可以使图像中相近的颜色相互融合，减少了细节，以产生写意效果
涂抹棒	该滤镜可以产生使用粗糙物体在图像进行涂抹的效果。从美术工作者的角度来看，它能够模拟在纸上涂抹粉笔画或蜡笔画的效果

2. 风格化滤镜组

风格化滤镜通过置换像素并且查找和提高图像中的对比度，产生一种绘画式或印象派艺术效果。

滤镜组名称	风格化
组内滤镜名称	功能和作用
查找边缘	该滤镜能搜寻主要颜色变化区域并强化其过度像素，使图像看起来像用铅笔勾画过轮廓一样
等高线	该滤镜可以在图像的亮处和暗处的边界绘出比较细、颜色比较浅的线条。执行完等高线命令后，那么计算机会把当前文件图像以线条的形式出现
风	该滤镜在图像中创建水平线以模拟风的动感效果。它是制作纹理或为文字添加阴影效果时常用的滤镜工具
浮雕效果	该滤镜能通过勾画图像的轮廓和降低周围色值来产生灰色的浮凸效果。执行此命令后，图像会自动变为深灰色，图像里的图片有凸出的感觉
扩散	该滤镜通过随机移动像素或明暗互换，使图像看起来像是透过磨砂玻璃观察的模糊效果
拼贴	该滤镜能根据参数设置对话框中的参数值将图像分成许多小方块，使图像看起来像是由许多画在瓷砖上的小图像拼成的一样
曝光过度	该滤镜产生图像正片和负片混合的效果，类似摄影中的底片曝光
凸出	该滤镜根据在对话框中设置的不同选项，为选择区或图层制作一系列的块状或金字塔的三维纹理。它比较适用于制作刺绣或编织工艺所用的一些图案

3. 模糊滤镜组

模糊滤镜组主要用于不同程度地减少相邻像素间颜色的差异，使图像产生柔和、模糊的效果。

滤镜组名称	模糊
组内滤镜名称	功能和作用
表面模糊	能够在保留边缘的同时模糊图像，可用来创建特殊效果并消除杂色或颗粒，用它为人像照片进行磨皮，效果非常好
动感模糊	该滤镜模仿拍摄运动物体的手法，通过对某一方向上的像素进行线性位移产生运动模糊效果
方框模糊	可以基于相邻像素的平均颜色值来模糊图像，生成类似于方块的特殊模糊效果
高斯模糊	该滤镜可根据数值快速地模糊图像，产生很好的朦胧效果
进一步模糊	与 Blur 滤镜产生的效果一样，只是强度增加 3～4 倍

续表

滤镜组名称	模糊
组内滤镜名称	功能和作用
径向模糊	该滤镜可以产生具有辐射性模糊的效果。即模拟相机前后移动或旋转产生的模糊效果
镜头模糊	可以向图像中添加模糊以产生更窄的景深效果，使图像中的一些对象在焦点内，另一些区域变模糊。用它来处理照片，可以创建景深效果。但需要用 Alpha 通道或图层蒙版的深度值来映射图像中像素的位置
模糊	该滤镜使图像变得模糊一些，它能去除图像中明显的边缘或非常轻度的柔和边缘，如同在照相机的镜头前加入柔光镜所产生的效果
平均	可以查找图像的平均颜色，然后以该颜色填充图像，创建平滑的外观
特殊模糊	该滤镜能找出图像的边缘并对边界线以内的区域进行模糊处理。它的好处是在模糊图像的同时仍使图像具有清晰的边界，有助于去除图像色调中的颗粒、杂色
形状模糊	可以使用指定的形状创建特殊的模糊效果

4. 扭曲滤镜滤镜组

对图像进行几何变形，创建三维或其他变形效果。这些滤镜在运行时一般会占用较多的内存空间。

滤镜组名称	扭曲
组内滤镜名称	功能和作用
波浪	该滤镜可根据设定的波长等参数产生波动的效果
波纹	该滤镜与波浪的效果类似，同样可产生水波荡漾的涟漪效果，只是操作较为简单，弹出波纹对话框后，对话框底部有个划杆，可以利用鼠标拖动这个划杆进行波纹程度的调整。而划杆底部的命令是调整波纹大小的程度
极坐标	该滤镜的工作原理是重新绘制图像中的像素，使它们从直角坐标系转换成极坐标系，或者从极坐标系转换到直角坐标系
挤压	该滤镜能模拟膨胀或挤压的效果，能缩小或放大图像中的选择区域，使图像产生向内或向外挤压的效果
球面化	该滤镜能使图像区域膨胀，实现球形化，形成类似将图像贴在球体或圆柱体表面的效果
水波纹	该滤镜在图像中产生的波纹就像在水池中抛入一块石头所形成的涟漪，它尤其适于制作同心圆类的波纹，有人将它译为"锯齿波"滤镜
旋转扭曲	该滤镜可使图像产生类似于风轮旋转的效果，甚至可以产生将图像置于一个大漩涡中心的螺旋扭曲效果
置换	该滤镜是一个比较复杂的滤镜。它可以使图像产生位移，位移效果不仅取决于设定的参数，而且取决于位移图(即置换图)的选取。它会读取位移图中像素的色度数值来决定位移量，并以处理当前图像中的各个像素。置换图必须是一幅 PSD 格式的图像

5. 锐化滤镜组

锐化滤镜主要用来通过增强相邻像素间的对比度，使图像具有明显的轮廓，并变得更加清晰。这类滤镜的效果与"模糊"滤镜的效果正好相反。

滤镜组名称	锐化
组内滤镜名称	功能和作用
USM 锐化	该滤镜是通过锐化图像的轮廓，使图像的不同颜色之间生成明显的分界线，从而达到图像清晰化的目的。与其他锐化滤镜不同的是，该滤镜允许用户设定锐化的程度。有人将它译为"虚蒙版锐化"滤镜
进一步锐化	通过增强图像相邻像素的对比度来达到清晰图像的目的，强度要大一些
锐化	通过增强图像相邻像素的对比度来达到清晰图像的目的，作用微小
锐化边缘	该滤镜同 USM 锐化滤镜类似。但它没有参数控制，且它只对图像中具有明显反差的边缘进行锐化处理，如果反差较小，则不会锐化处理
智能锐化	与"USM 锐化"滤镜功能比较相似，但它具有独特的锐化卡内控制选项，可以设置锐化算法、控制阴影和高光区域的锐化量。智能滤镜包含基本和高级两种锐化方式，在操作时，最好将窗口缩放到100%，一边精确查看锐化效果

6. 视频滤镜组

视频滤镜是一组控制视频工具的滤镜，它们主要用于处理从摄像机输入的图像或将图像输出到录像带上而做准备工作。

滤镜组名称	视频
组内滤镜名称	功能和作用
NTSC 颜色	该滤镜可消除普通视频显示器上不能显示的非法颜色，使图像可被电视正确显示
逐行	该滤镜通过消除图像中的奇数或偶数交错线来达到平滑视图的效果

7. 像素化滤镜组

像素化滤镜主要用于不同程度地将图像进行分块处理，使图像分解成肉眼可见的像素颗粒，如方形、不规则多边形和点状等，视觉上看就是图像被转换成由不同色块组成的图像。

滤镜组名称	像素化
组内滤镜名称	功能和作用
彩块化	该滤镜通过将纯色或相似颜色的像素结为彩色像素块而使图像产生类似宝石刻画的效果。执行完彩块化之后，要对图像放大，才能看到执行彩块化的效果如何，它会把图像从规律的像素块变成无规律的彩块化
彩色半调	该滤镜可以将图像中的每种颜色分离，将一幅连续色调的图像转变为半色调的图像，使图像看起来类似彩色报纸印刷效果或铜版化效果
点状化	该滤镜可将图像分解为随机的彩色小点，点内使用平均颜色填充，点与点之间使用背景色填充，从而生成一种点画派作品效果。它也被译为“点彩画”滤镜
晶格化	该滤镜可以将图像中颜色相近的像素集中到一个多边形网格中，从而把图像分割成许多个多边形的小色块，产生晶格化的效果。有人将它译为“水晶折射”滤镜
马赛克	该滤镜可将图像分解成许多规则排列的小方块，实现图像的网格化，每个网格中的像素均使用本网格内的平均颜色填充，从而产生一种马赛克效果
碎片	该滤镜通过建立原始图像的4个副本，并将它们移位、平均，以生成一种不聚焦的效果，视觉上看则能表现出一种经受过振动但未完全破裂的效果。执行完碎片命令之后，要对图像放大，才能看到执行完碎片命令后的效果如何。执行过碎片命令后，图像会变得模糊，变得重影
铜版雕刻	该滤镜能够用于指定的点、线条和笔画重画图像，产生版刻画的效果，也能模拟出金属版画的效果。正因为如此，它也译为“金属版画”滤镜

8. 渲染滤镜组

渲染滤镜主要用于不同程度地使图像产生三维造型效果或光线照射效果，或给图像添加特殊的光线，比如云彩、镜头折光等效果。

滤镜组名称	渲染
组内滤镜名称	功能和作用
分层云彩	该滤镜可以使用前景色和背景色对图像中的原有像素进行差异运算，产生的图像与云彩背景混合并反白的效果。工作时，它将首先生成云彩背景，然后再用图像像素值减去云彩像素值，最终产生朦胧的效果
光照效果	该滤镜包括17种不同的光照风格、3种光照类型和4组光照属性，可以在RGB图像上制作出各种各样的光照效果，也可以加入新的纹理及浮雕效果等，使平面图像产生三维立体的效果
镜头光晕	该滤镜能够模仿摄影镜头朝向太阳时，明亮的光线射入照相机镜头后所拍摄到的效果。这是摄影技术中一种典型的光晕效果处理方法。镜头光晕模拟白天太阳照射下来发出的光感
纤维	可以使用前景色和背景色随机创建变质纤维效果
云彩	该滤镜是唯一能在空白透明层上工作的滤镜。它不使用图像现有像素进行计算，而是使用前景色和背景色计算。使用它可以制作出天空、云彩、烟雾等效果

9. 杂色滤镜组

杂色滤镜可以给图像添加一些随机产生的干扰颗粒，也就是杂色点（又称为“噪声”），也可以淡化图像中某些干扰颗粒的影响。

滤镜组名称	杂色
组内滤镜名称	功能和作用
减少杂色	图像的杂色显示为随机的无关图像，这些像素不是图像细节的一部分。“减少杂色”滤镜可基于影响整个图像或各个通道的用户设置保留边缘，同时减少杂色
蒙尘与划痕	该滤镜适合对图像中的斑点和折痕进行处理，它能将图像中有缺陷的像素融入周围的像素。它是对刚扫描的图片进行处理时，经常用的滤镜
去斑	该滤镜检查图像中的边缘区域(有明显颜色变化的区域)然后模糊除边缘外的部分。这种模糊可以去掉杂色同时保留原来图像的细节。考虑到实际意义，有时它也译为“去除杂质”滤镜
添加杂色	该滤镜通过给图像增加一些细小的像素颗粒，也就是干扰粒子，使干扰粒子混合到图像内的同时产生色散效果。也有人将它译为“增加噪声”滤镜
中间值	该滤镜也是一种用于去除杂色点的滤镜，可以减少图像中杂色的干扰

10. 其他滤镜组

其他滤镜可用来创建自己的滤镜，也可以修饰图像的某些细节部分。

滤镜组名称	其他
组内滤镜名称	功能和作用
高反差保留	该滤镜用来删除图像中亮度逐渐变化的部分，而保留色彩变化最大的部分，使图像中的阴影消失而突出亮点
位移	该滤镜可以在参数设置对话框里设置参数值来控制图像的偏移
自定义	该滤镜可以使用户定义自己的滤镜。用户可以控制所有被筛选的像素的亮度值。每一个被计算的像素由编辑框组中心的编辑框来表示。工作时，Photoshop 重新计算图像或选择区域中的每一个像素亮度值，与对话框矩阵内数据相乘结果的亮度相加，除以 Scale 值，再与 Offset 值相加，最后得到该像素的亮度值
最大值	该滤镜向外扩展白色区域并收缩黑色区域
最小值	该滤镜向外扩展黑色区域并收缩白色区域

11. 水印滤镜组

水印滤镜用来保护作者的著作权，利用它可在图像中加入或读取著作权信息。使用该滤镜必须先到生产厂家的网站上，去申请一个个人使用许可号码，以便在图像中嵌入的水印能得到全球性的保护。

滤镜组名称	水印
组内滤镜名称	功能和作用
嵌入水印	该滤镜通过在作者的图像中加入水印来保护作者的著作权，即当其他用户处理图像时，它们会提醒用户该图像受水印的保护
读取水印	该滤镜主要用来读取图像中的水印，以便区分图像的真伪。应用该滤镜时，系统会自动查找图像的数字水印，若查到水印 ID，则会根据 ID 号通过网络连到 Digimarc 公司查找该作品的相关资料及其他相关信息

● 相关作品欣赏

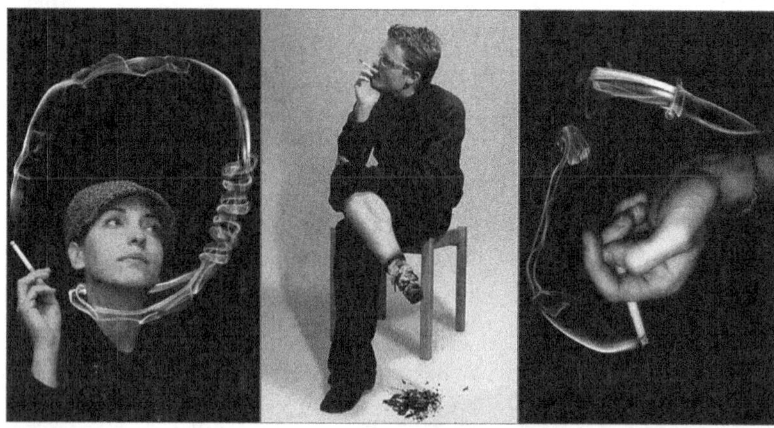

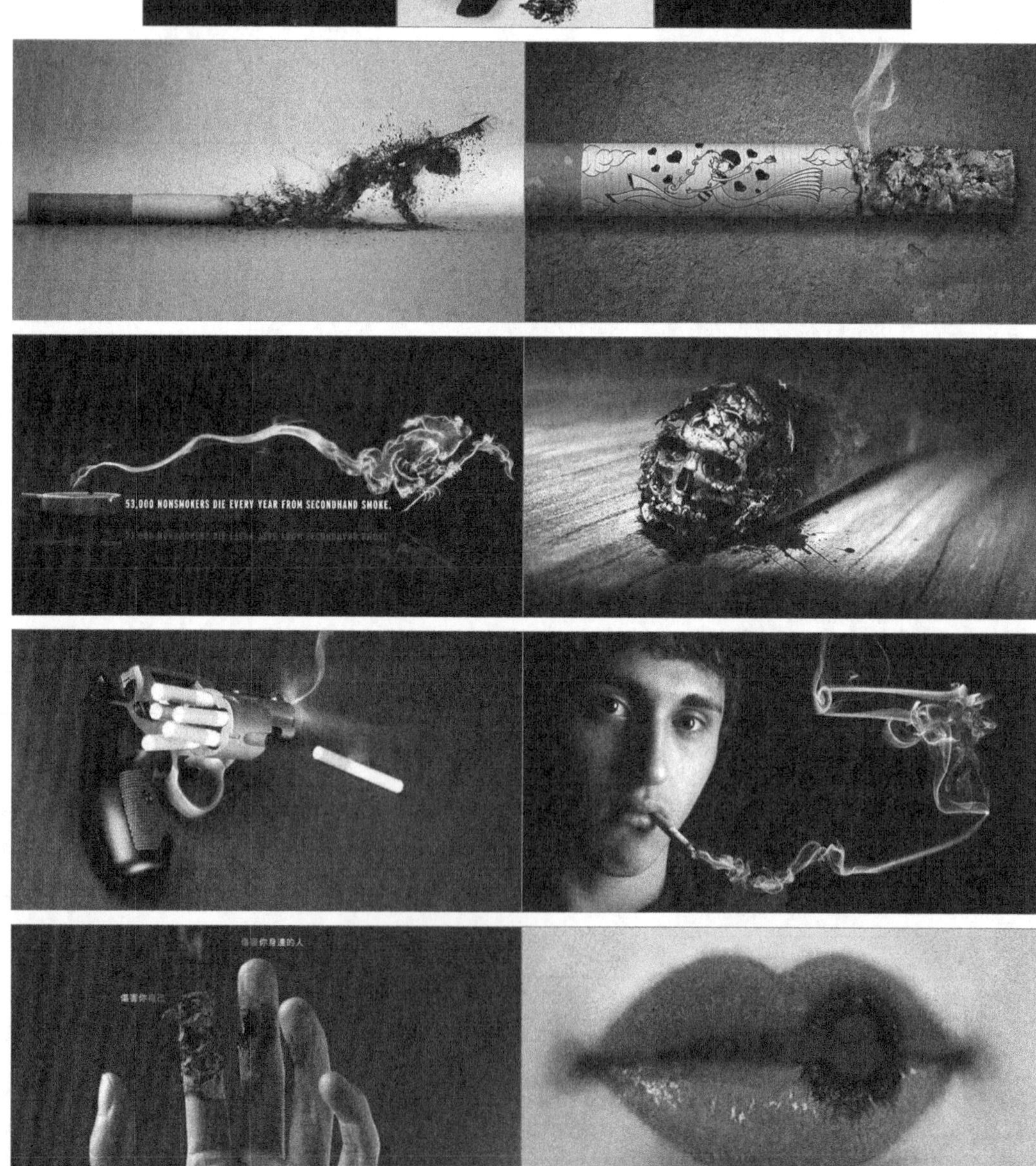

拓展任务 艺术节宣传海报制作

任务说明

佳楠所在学院要举行大学生艺术节活动，佳楠是这次艺术节的策划，她让佟雪帮忙设计一个宣传海报。佳楠提出了以下具体要求：

1. 本届艺术节主题是：和谐发展、展示自我；
2. 主要活动内容是歌舞表演；
3. 活动在夜晚举行。

任务解析

按照任务要求，佟雪脑海中呈现了这样一幅美景：蓝色的夜空下，星光闪烁，耀眼的舞台中央，翩翩起舞的少女把晚会带向高潮。为此她精心搜索了以下两张素材图片。

素材准备

完成效果

任务攻略

步骤 1：新建一个文件，580×810 像素，72 像素/英寸，RGB 模式黑色背景。

步骤 2：新建一个图层，使用白色柔角圆画笔，调整画笔不同大小，在画布上点画大小不同的点。

步骤 3：从图层面板的下方点击“添加图层样式”，选择“外发光”，发光颜色为蓝色（#1a2dbe），不透明度为 100%，【图素大小】为 30 像素，【方法】为柔和，如下设置。

步骤 4：完成后点击图层底部“添加图层蒙版”，选择圆黑笔刷，并设置不透明度位 60%，在图层面板上点一些黑点（图中只显示蒙版上的效果）。

步骤 5：复制该图层，选择【滤镜】→【模糊】→【径向模糊】，径向模糊参数设置为：数量为【100】，模糊方法为【缩放】，品质为【最好】，设置参数后，按确定按钮。注意：径向模糊的中心需要用鼠标向下拖拽，方可形成斜向上方的放射效果。

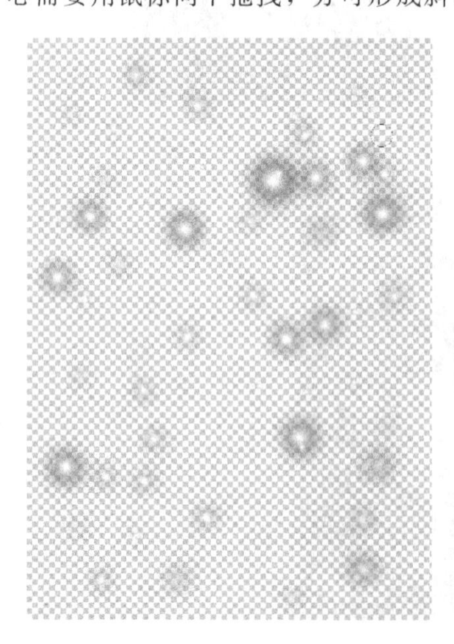 

步骤 6：在选择【滤镜】→【锐化】→【USM 锐化】，数量设置为【180%】，半径为【9 像素】，阈值为【50 色阶】，设置参数后按确定按钮；设置混合模式为“强光”。

步骤 7：复制当前图层，选择【编辑】→【变换】→【透视】，适当调整，形成更多的散射光效果。

步骤 8：新建一个层，选择画笔，设置柔角圆画笔，设置颜色（# 884ba5），笔刷的不透明度设置为 40%，笔头大小设置为 300px，在画布的顶部绘制一些透明状射线。在当前图层点击鼠标右键，选择【混合选项】，在样式中选择【外发光】，仿照步骤 3 设置外发光效果的各项参数。

步骤 9：添加图层蒙版，选择【滤镜】→【渲染】→【云彩】。

步骤 10：按 Ctrl+J 复制该图层，设置填充 50%，改变混合模式为“强光”。

步骤 11：使用通道抠图方法，抠出光带，置于底部。

步骤 12：继续使用通道抠图，将跳舞女孩抠出，填充白色，置于光环之上。参照步骤 3，将女孩图层设置外发光效果。

步骤 13：添加文字。

步骤 14：征求客户意见，定稿后合并所有图层，完成任务。

情境九 路径与蒙版

任务9　打造神器再塑哪吒

任务说明

佟雪在网上看到一幅哪吒的图片，觉得图中哪吒的宝物看起来太寒酸了，她要用所学为宝物修饰一下，使它看起来确实像个宝贝！

任务解析

按照任务要求，佟雪上网查阅了这两件宝物的传说：

乾坤圈——在生天地的时候，受了精气，被乾元山金光洞太乙真人收为镇洞之宝。联想到这件宝物应该是华光璀璨的吧！

混天绫——七尺长，能自动捆绑敌人，即使剪断了也能自动修复，此等宝贝只应天上有，联想到天上可能只有彩虹才会有此魅力吧！

按照这个思路，佟雪决定给乾坤圈加上艳丽的光晕，给混天绫添加彩虹渐变。

完成效果

原图

完成图

设计过程

步骤 1

打开 Photoshop CS6，单击【文件】→【打开】，在弹出的窗口中，选择哪吒原图文件，单击打开按钮。

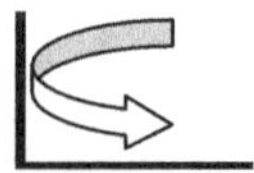

步骤 2

按Ctrl+J复制背景图层，隐藏背景图层。在图层 1 上使用魔棒工具选中白色背景，容差设置为【60】，按Del键删除。

注意：不相连的选区应按住shift键才能一起选中；另外，右下角的杂色，可用橡皮擦掉。

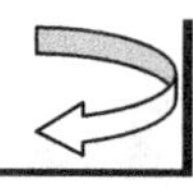

步骤 3

使用魔棒工具选中乾坤圈中的黄色区域，容差设置为【40】，再点击【选择】→【选取相似】，使用套索工具，选择减去模式，选择哪吒的肚兜部分的黄色部分，只留下乾坤圈的选区。

注意：本步骤容差不可设置过大，否则会造成乾坤圈选区出现不规则现象。

步骤 4

单击【选择】→【修改】→【扩展】，扩展量设为【3】像素，单击确定按钮。

注意：本步骤目的在于遮住原图中乾坤圈的外边像素。

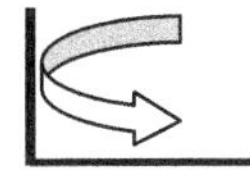

步骤 5

按住Delete删除圈体，使用橡皮工具擦除多余图案，再使用仿制图章工具，恢复左臂被删图案。

注意：实际上本步骤完全可以省略，新建圈体图案覆盖原黄色圈体图像也能实现换圈的图案效果。

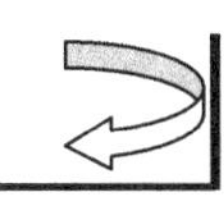

步骤 6

调出背景图层，使用椭圆工具，选择工具模式为【路径】，在黄色外圈体上画一个圆形路径，再隐藏背景图层，按Ctrl+Enter将路径转成选区，新建一个图层，将前景色设为白色，按Alt+Delete填充前景色。

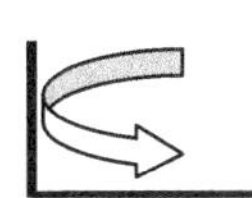

步骤 7

单击【选择】→【修改】→【收缩】，收缩量设为【20】像素，点按 Delete 键，删除内圈白色区域，形成白色圈体。

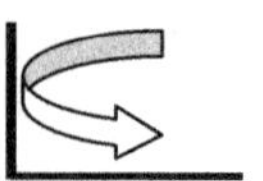

步骤 8

按 Ctrl + D 取消选区，使用钢笔工具画出圈体的缺口形状，按 Ctrl + Enter 将路径转成选区，按住 Delete，形成带有缺口的圈体。

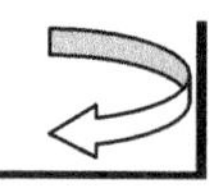

步骤 9

点击渐变工具，点击图示区域编辑渐变，按照图中编辑条所示，新建一个渐变，选择【径向渐变】模式，点击图层控制面板上的锁定透明像素控制按钮，从乾坤圈的右上角向左下角拖拽，形成彩色渐变。

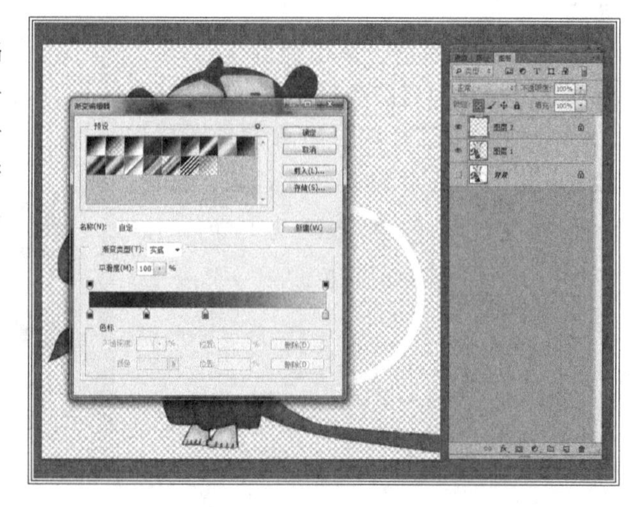

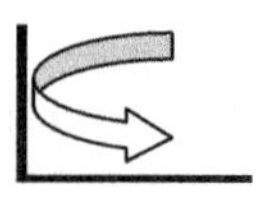

步骤 10

按Ctrl+J，复制当前图层，再回到图层2上，点击图层控制面板上的锁定透明像素控制按钮，解除锁定，选择【滤镜】→【模糊】→【高斯模糊】，半径设为【9】，点按确定按钮。

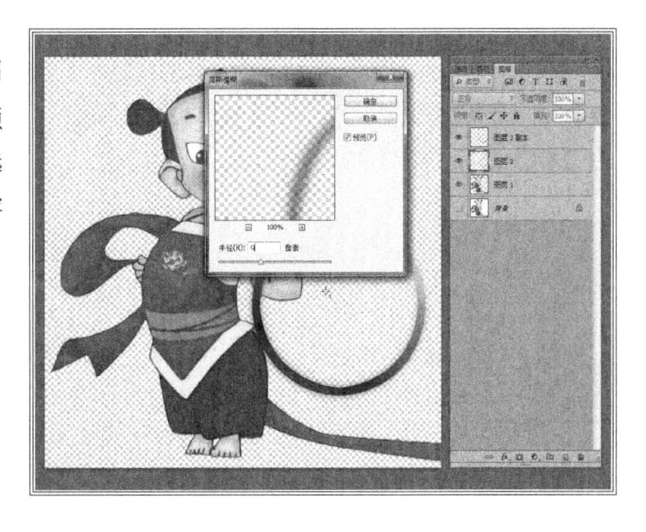

步骤 11

按Ctrl+J，复制当前图层，图层混合模式设置为【颜色减淡】，不透明度设置为【50%】。

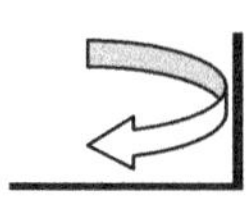

步骤 12

回到图层2副本图层上，按Ctrl+J，复制当前图层，隐藏刚复制的图层，回到图层2副本图层上，选择【滤镜】→【模糊】→【高斯模糊】，半径设为【5】，点按确定按钮。

步骤 13

按[Ctrl]＋[J]，复制当前图层，图层混合模式设置为【叠加】，不透明度设置为【50%】。

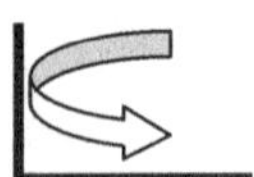

步骤 14

回到图层 2 副本 2 图层，按住[Ctrl]同时鼠标左键点按图层缩略图，点击【选择】→【修改】→【收缩】，收缩量设为【3】像素，点按添加矢量蒙版工具 。

注意：添加矢量蒙版的目的是减少乾坤圈圈体过亮。

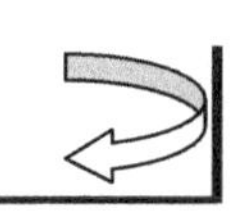

步骤 15

参照上一步，给图层 2 副本图层添加矢量蒙版。

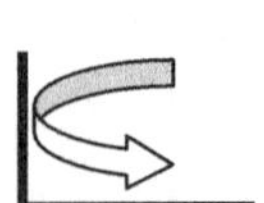

步骤 16

回到图层 2 副本 3 图层，按住 Ctrl 同时鼠标左键点按图层缩略图，点击【选择】→【修改】→【收缩】，收缩量设为【6】像素，单击 确定 按钮，新建一个图层，填充白色。

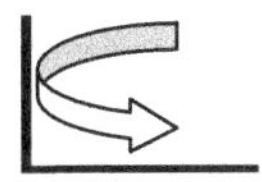

步骤 17

按 Ctrl + D 取消选区，点击图层控制面板上的锁定透明像素控制按钮，继续使用上次使用的渐变模式，从右上角向左下角填充渐变。解除透明像素控制锁定，选择【滤镜】→【模糊】→【高斯模糊】，半径设为【2】，图层混合模式设置为【颜色减淡】；按 Ctrl + J，复制当前图层，图层图透明度设置为【50%】。

步骤 18

选中除图层 1 及背景以外的所有图层，按按 Ctrl + G，将图层编成组 1。在组 1 上单击添加矢量蒙版工具，使用黑色画笔，将手部的圈体涂抹，显示出手形来。自此，乾坤圈修饰完毕。

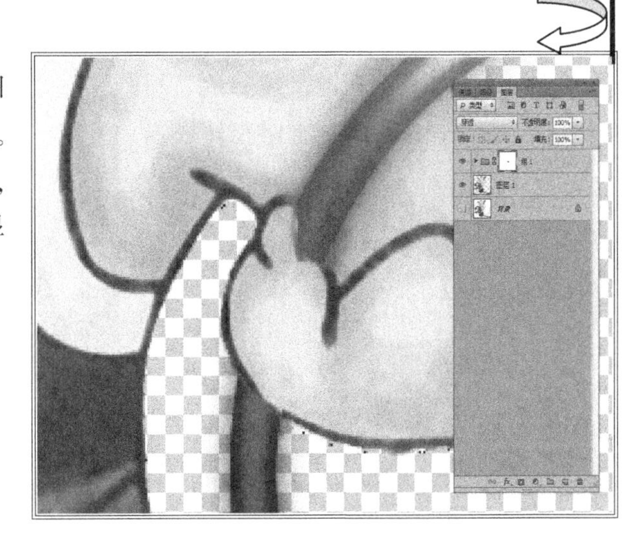

步骤 19

下面开始修饰混天绫，在图层 1 上使用快速选择工具，选取混天绫区域，点击【选择】→【修改】→【扩展】，扩展量设为【3】像素，点击创建新组按钮，新建组 2，新建一个图层，点击渐变工具，选择【彩虹渐变】，选择【线性渐变】模式，从混天绫的一段拖拽到另一端，自己感觉漂亮即可。

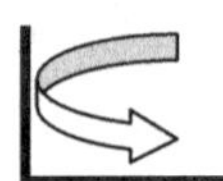

步骤 20

在图层 4 上新建图层蒙版，使用黑色画笔，涂抹图示圈选的区域，恢复被新画的混天绫遮盖住的身体部位。

注意：如果涂抹过量，可以再使用白色画笔涂抹，便可还原。

步骤 21

使用钢笔工具，在混天绫一端勾勒出路径。按 Alt + Enter 将路径转成选区，按 Ctrl + C 复制该选区，再按 Ctrl + V 粘贴图像，图层混合模式设置为【正片叠底】。

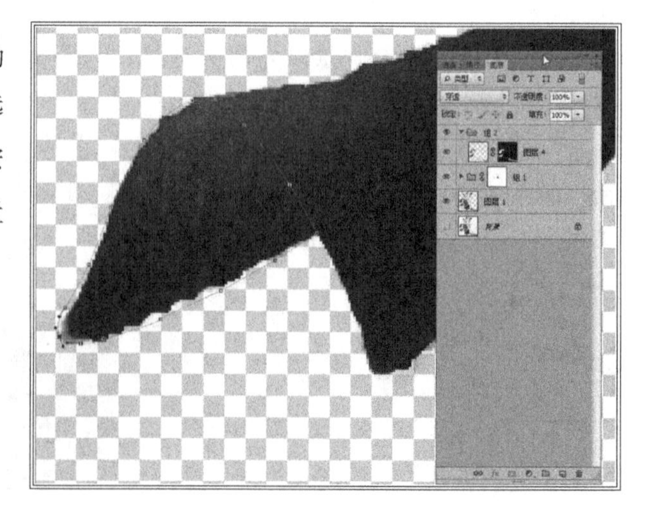

步骤 22

使用钢笔工具，勾出图中区域。

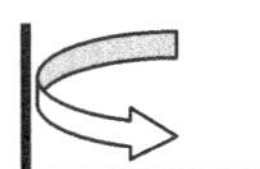

步骤 23

按 Ctrl ＋ Enter 转换成选区，在图层 5 下面新建图层 6，点击渐变工具，前景色设为粉色（# fe00be）。背景色设为蓝色（# 2e0092），选择从前景色到背景色线性渐变模式，从选区左侧向右侧渐变，最后按住 Alt 键，鼠标移动到图层 6 与图层 4 之间的区域，当鼠标出现 ，单击左键，使图层 6 变成剪切图层。

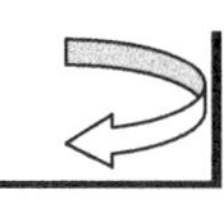

步骤 24

回到组 2 图层，按住 Ctrl ＋ Alt ＋ Shift ＋ E 盖印图层，完成所有修饰任务。在图层 1 上新建图层，选择紫橙渐变，选择径向渐变，勾选反向，从画面右上角向左下角拖拽，做一个渐变背景。

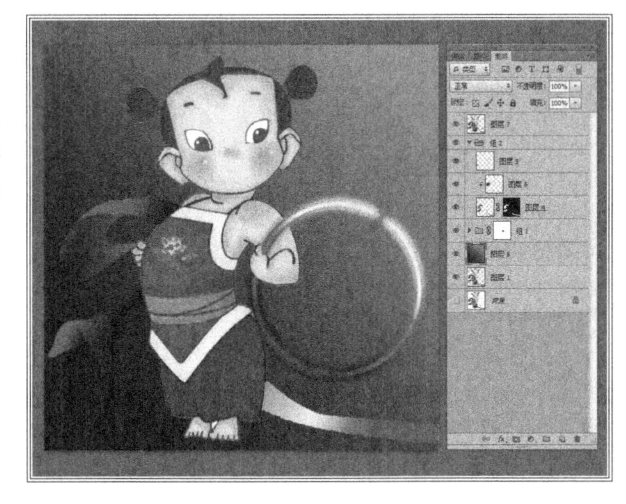

相关知识

一、路径简介

路径在PS里是一种矢量的图形，它不属于图像范围（打印的时候看不到），可以理解为一种“辅助工具”，建立路径后可以对其描边，沿路经编排文字等。路径闭合时可以建立成选区。

1. 钢笔工具

钢笔工具是最主要的路径创建工具，它的特点是精确与自动，利用该工具可以画出直线线段或曲线线段，这两种线段可以混合连接，这里先讨论最常用的单纯由直线线段连成的折线和单纯由曲线线段连成的曲线。

2. 手绘钢笔工具

手绘钢笔工具：只需按住鼠标在图像上随意拖动即可。在拖动时，Photoshop会自动沿鼠标经过的路线生成路径和节点。

二、蒙版简介

① 蒙版顾名思义就是要把当前建立蒙版的图层给蒙住。像蒙面人用布蒙住脸不让人看清一样。

② 蒙面的布有各种，蒙版有三种情况：全蒙、半蒙、不蒙，分别用黑色、灰色、白色来表示。你刚建的蒙版默认是不蒙的，也就是白色。

③ 蒙版可以涂不同的灰度来表示被蒙图层不同的显示程度，越接近黑的灰表示显示的越少，越接近白色的灰表示显示的越清楚（相当于蒙面用越来越薄的纱了）。这样在蒙版上就可以用渐变等特效处理出各种好看的效果。注：好多初学者主要是把表示显示情况的黑、白、灰看成颜色了。

优点：

① 修改方便，不会因为使用橡皮擦或剪切删除而造成不可返回的遗憾；

② 可运用不同滤镜，以产生一些意想不到的特效；

③ 任何一张灰度图都可用来作为蒙版。

主要作用：

① 用来抠图；

② 做图的边缘淡化效果；

③ 图层间的融合。

原理：蒙版是将不同灰度色值转化为不同的透明度，并作用到它所在的图层，使图层不同部位透明度产生相应的变化。黑色为完全透明，白色为完全不透明。

操作技巧

1. 在图层蒙版和剪切路径中，在适当的缩略图上点击一下，接着按下Alt键后点击“删除”图标，这样就能够在不出现任何确认提示的情况下将蒙版或路径删除。

2. 当你处在“快速蒙版”模式下时，使用（～）能够在红宝石和通道模式下进行转换查看。

3. 按下Alt+Ctrl点击“通道”调板底部的“创建新通道”按钮来添加一个基于当前选

区的新的专色通道。

4. 要将快速蒙版的一份拷贝保存为一个阿尔法通道，可以通过将快速蒙版拖动到“创建新通道”按钮之上。

5. 在“路径”调板中空白区域处点击就能够轻松地关闭所有路径。

小贴士：可以通过按下 Ctrl＋Shift＋H 来显示/取消显示目标路径。（视图>显示>目标路径）

6. 按下 Alt 键后点击“用前景色填充路径”、“用画笔描边路径”、“将路径作为选取载入”和“从选区生成工作路径”图标你就能够看到一个列有可用工具和选项的菜单。

7. 要将活动路径转换成一个图层剪切路径，可以按下 Ctrl 键后点击“添加图层蒙版”图标。按下 Ctrl＋Alt 键后点击“添加图层蒙版”图标则能够添加一个隐藏了活动路径内容的图层剪切路径

注意：如果当前图层已经包含了一个图层蒙版，Ctrl 键则不需要在添加图层剪切路径时使用。

8. 要为当前图层添加一个形状作为一个剪切路径，可以按下 Ctrl 后点击“添加图层蒙版”图标，接着使用形状工具画出需要的形状。

9. 将鼠标移动到“图层”调板中一个图层剪切路径上方则能够暂时在文档窗口中显示相关联的路径。当你将鼠标从缩略图上移开时，这个路径则会消失。

拓展任务　制作哪吒出世的画面

● 任务说明

佟雪向佳楠炫耀了哪吒的新宝物，佳楠告诉佟雪，要是制作出哪吒出世的画面，她才心服口服。这一次她提的要求如下：

1. 哪吒踏在莲花之上；

2. 莲花紫霞万道、瑞气怡人。

● 完成效果

● 任务攻略

步骤 1：打开莲花素材文件。

步骤 2：适当裁剪，只留下莲花区域。

步骤 3：复制背景图层，隐藏背景图层。

步骤 4：复制绿色通道。

步骤 5：调整色阶，输入色阶 30～50。

步骤 6：使用黑白画笔，保留莲花区域涂白色，其他涂黑色。

步骤 7：将通道做为选区载入，回到背景副本图层，反选选区，删除选区。

步骤 8：使用橡皮工具，擦除除莲花外多余图像。

步骤 9：自由变换，调整莲花位置及大小。

步骤 10：复制该图层，使用径向模糊滤镜。

步骤 11：多次执行径向模糊。

步骤 12：调整色相/饱和度，色相－100，饱和度＋85。

步骤 13：添加图层蒙版，使用黑色画笔将莲花底部的发光区域遮盖住。

步骤 14：复制当前图层，图层混合模式设为【柔光】，图层不透明度设为【50%】。

步骤 15：复制背景副本图层，放在最顶层，图层混合模式设置为【正片叠底】。

步骤 16：将任务 9 中完成的哪吒形象图层复制到此文件中。

步骤 17：调整哪吒图像大小及位置。

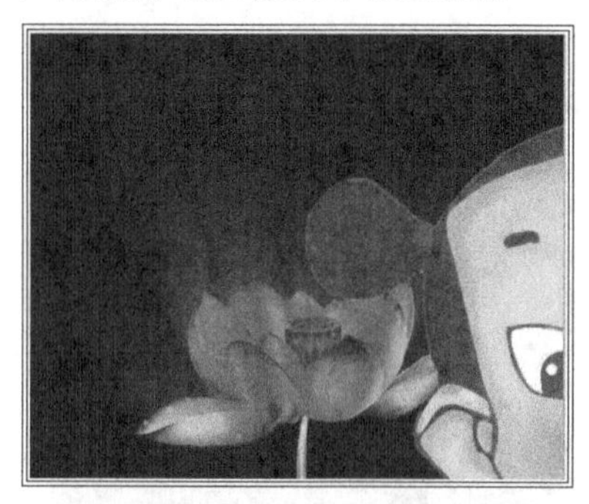

步骤 18：新建图层，使用白色画笔，添加一些白色光点。

步骤 19：将哪吒图层设置为外发光产生的效果。

情境十

实战案例

任务10　标志设计

● 任务说明

佟雪参加了石化学院羽毛球协会，会长要求她制作一个协会会标。具体要求如下：

1. 会标要能直观地体现出羽毛球，符合运动组织性质；
2. 会标简洁明快，以环保、有氧运动为主线；
3. 体现出羽毛球运动轻盈，时尚的理念。

● 任务解析

根据要求，佟雪构思了一个简洁明快的方案，整体设计以绿色为主，体现出环保。标志的轮廓以羽毛球实体形状设计，让人看起来更直观。中间以留白的形式体现出羽毛，更加直观地衬托出羽毛球这项轻盈的运动。文字利用路径的形式进行编辑，打破以往的横排编辑，让画面看起来更时尚。

● 完成效果

设计过程

步骤 1

Ctrl+N新建文件“石化学院羽毛球协会”。设置文件属性，宽度：800像素，高度：800像素，其他默认。

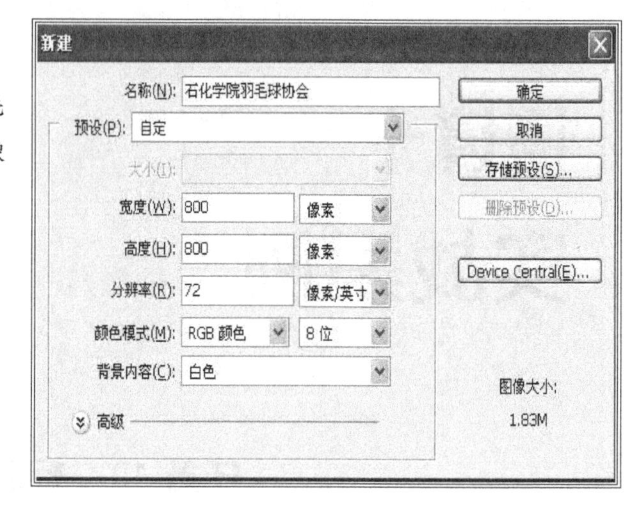

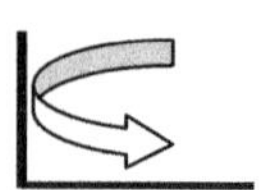

步骤 2

打开素材图片“羽毛球”，选择魔棒工具，设置容差为15。将羽毛球抠出，拖拽到新建文件中，形成图层1。

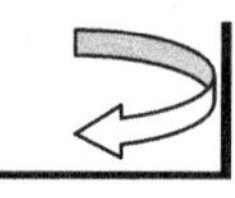

步骤 3

利用【自由变换】命令Ctrl+T，改变羽毛球方向。选择钢笔工具，设置为【路径】，对羽毛球边缘进行描边路径。

注意：钢笔工具描边时可利用放大镜来调整细节，将会更加顺利。

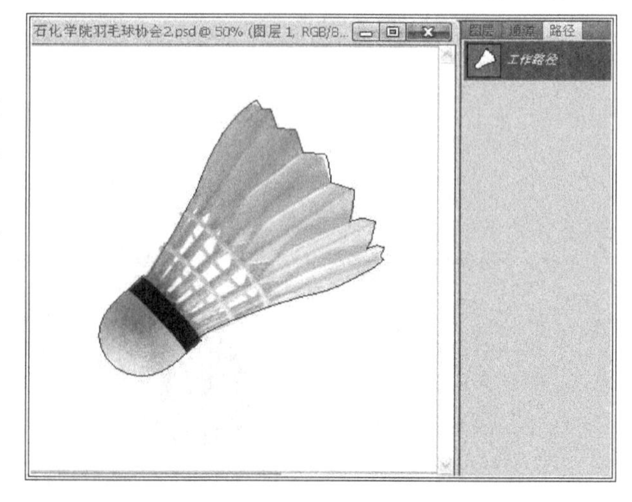

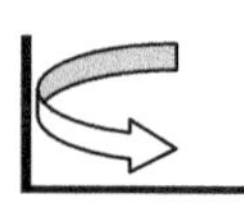

步骤 4

新建图层 2，打开路径调板，选择建立选区按钮。

注意：将路径转换为选区有多种方法，可右键选择“建立选区”，也可打开路径调板，按住 Ctrl 键单击工作路径。

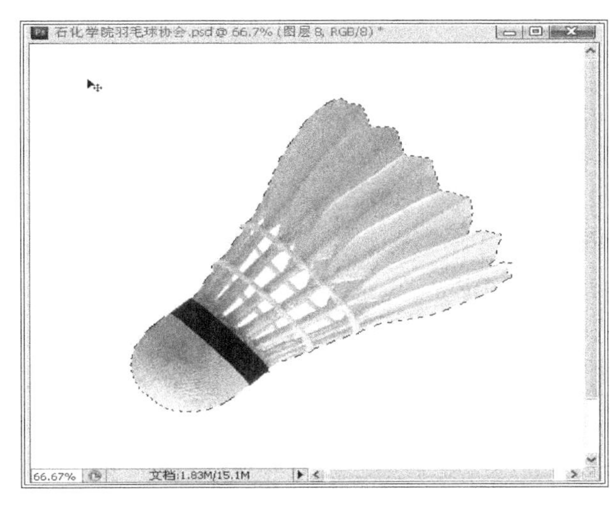

步骤 5

选择渐变工具，打开渐变编辑器，设置渐变颜色，蓝色数值（113380），绿色数值（258e29），浅绿色数值（31d538）。

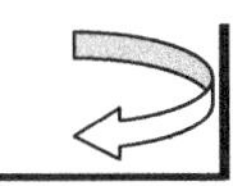

步骤 6

设置渐变填充方式为【线性渐变】，单击羽毛球左下方，向右上方拖拽鼠标，为选区添加渐变效果。Ctrl + D 取消选区。

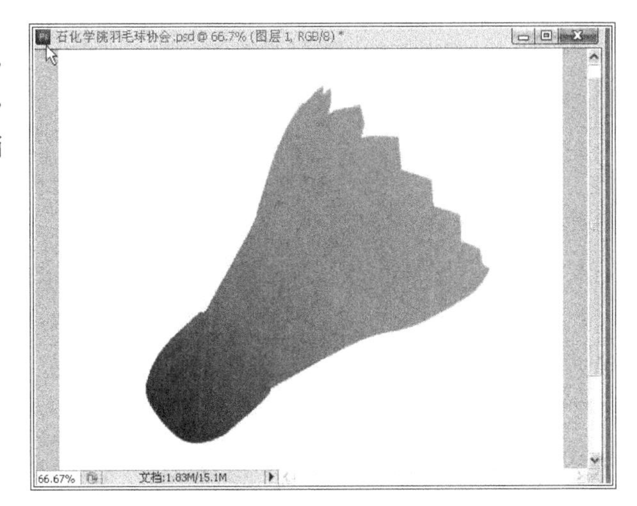

步骤 7

隐藏图层 1，新建图层 3。选择钢笔工具，设置为路径，勾勒出羽毛的外形。

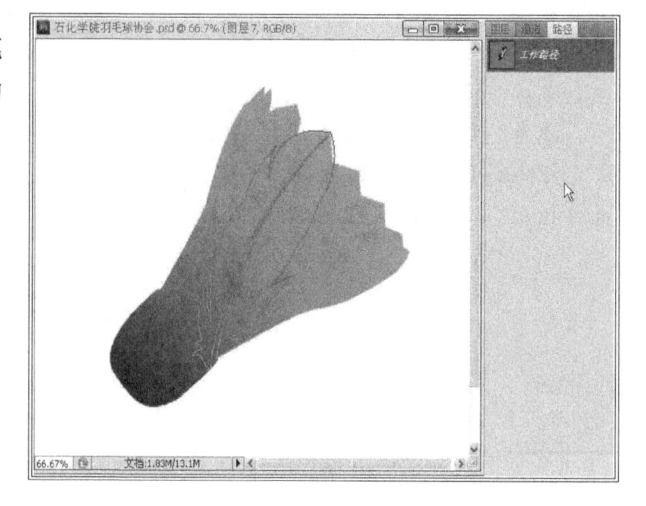

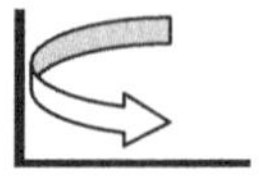

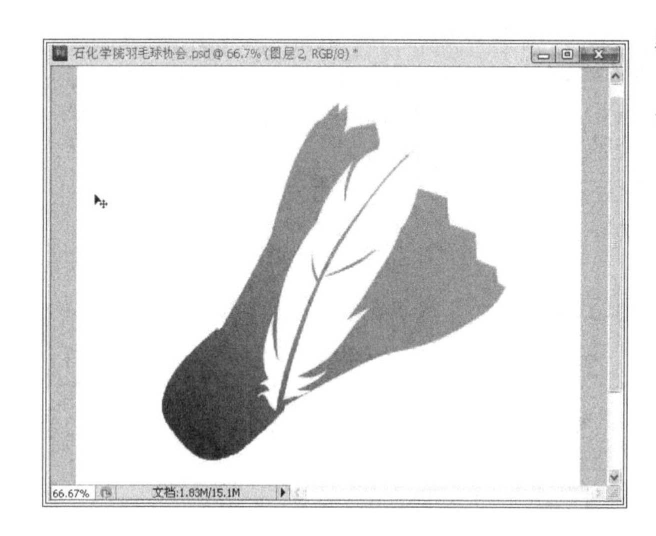

步骤 8

将路径转换成选区，并为其填充白色，继续用钢笔工具完善羽毛细节形状。

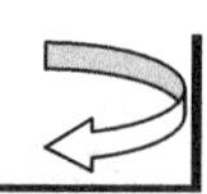

步骤 9

新建图层 4，选择钢笔工具，沿着羽毛球下方边缘勾勒出一条路径。

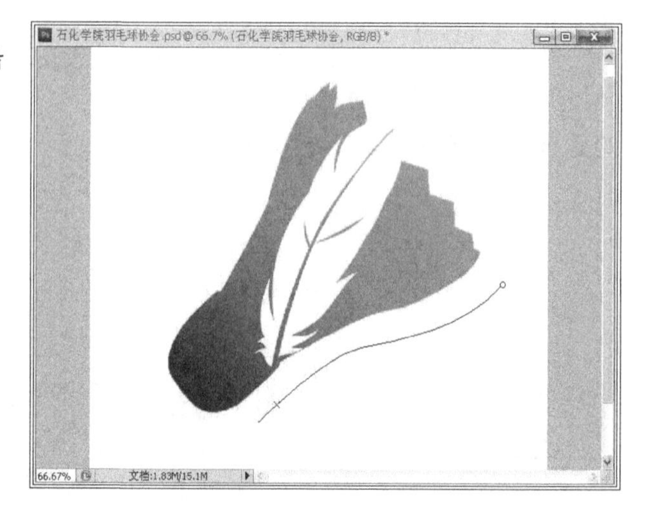

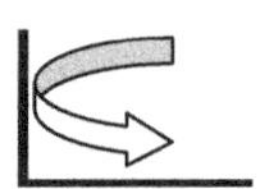

步骤 10

选择横排文字工具，在属性栏中设置字体为楷体，字体大小 39 点，字体颜色为绿色，数值为（239528），将光标移至路径上，输入文字。

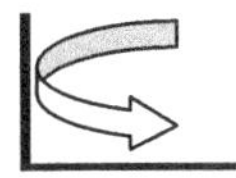

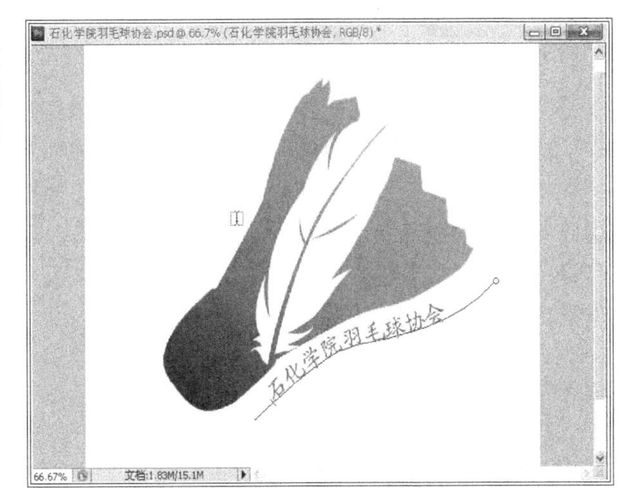

步骤 11

利用钢笔工具，在文字下方再画一条路径，并沿路径输入拼音字母。

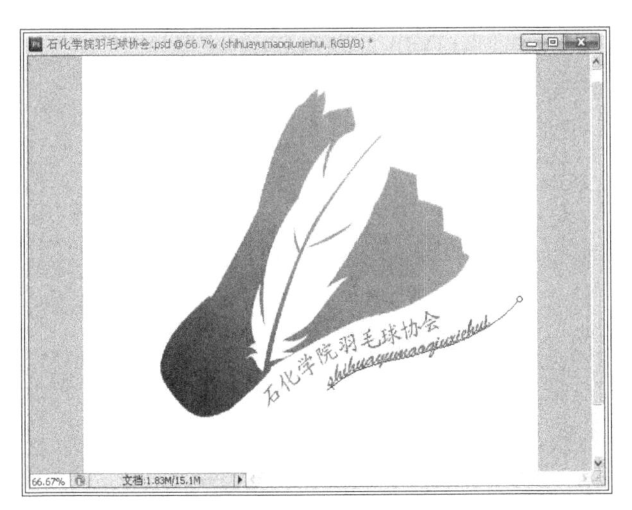

步骤 12

制作效果完成，点击【文件】储存为 JPEG 格式。

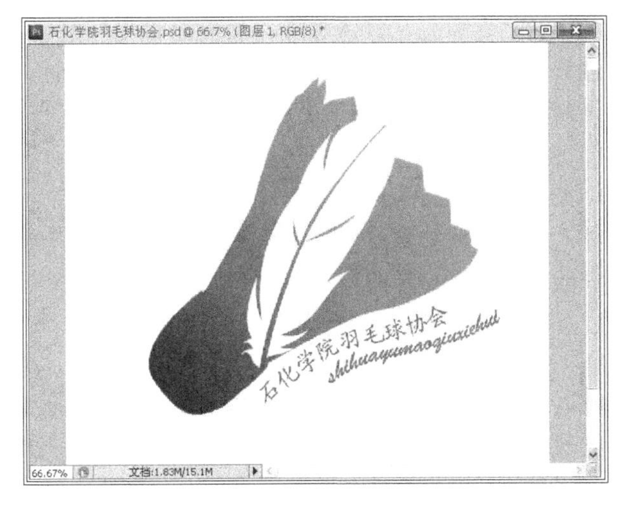

● 相关知识

一、标志的来历

标志的来历可以追溯到上古时代的“图腾”，那时每个氏族和部落都选用一种认为与自己有特别神秘关系的动物或自然物象作为本氏族或部落的特殊标记（即称之为图腾）。如女娲氏族以蛇为图腾，夏禹的祖先以黄熊为图腾，还有的以太阳、月亮、乌鸦为图腾。最初人们将图腾刻在居住的洞穴和劳动工具上，后来就作为战争和祭祀的标志，成为族旗、族徽；国家产生以后，又演变成国旗、国徽。

二、标志的设计理念

1. 含义出发

在构思的时候，根据企业的行为特征和核心竞争力，需要为企业寻找一个恰当的视觉图形符号。根据不同的历史文化信仰环境，采用象征性、比喻性、故事性，能使企业抽象的精神与理念，通过一个视觉载体表现出来。好的标志设计，能承载企业所力图传达的信息，并使抽象的理念精神形象化、具体化、大众化。

（1）象征性

象征就是采用视觉图形符号，唤起人们对于某一抽象意义、观念或情绪的记忆。象征性标志，是建立在一个民族特定的文化和宗教基础上的、具有相同的生活环境的人，才能正确传达与理解其象征的意义。

象征符号具有约定性。好比做游戏，需要游戏规则。规则相同，才能使象征意义正确地发出和接受，使整个传达过程成立，而规则就是不同的历史文化宗教环境。东方文化和西方文化对于同一图形的象征意义有所不同，不同宗教对于同一图形的象征意义也有所不同。

在西方世界中，狮子象征权威与力量，狗象征忠诚与勇敢、牛象征勇猛与股市中的“牛市”。在中国仙鹤与松树象征长寿、蝙蝠象征福气、鱼象征富裕有余、牡丹象征荣华富贵。

（2）比喻性

比喻就是采用一个或一组视觉符号，表达相平行的另一层相关含义。比喻建立在两者之间在性质或关系上的共性。

比喻性标志，借 A 说 B，从侧面讲述问题，需要读者参与联想来完成整个设计的构思过程。这种图形表达方式，富有趣味性与深刻性，并留有文化艺术的想象空间，传达效果出奇制胜。

（3）故事性

故事性就是采用故事中的角色或符号，作为标志设计的元素，借用故事的广泛流传程度，传达企业的理念或行业特征，顺水推舟，顺势而动。基于大众对故事的认知程度，故事性的方法具有很好的传达效果。

2. 图形出发

标志从图形分类出发，可以分为具象标志、象形标志和抽象标志。具象标志在选择题材时，要尽量采用那些人们熟悉的元素，并在此基础上创造个性成分。熟悉的元素能牵扯动人们视觉神经，引起人们共鸣，产生深刻记忆的基础。在我们周围有很多是现成标志，比如，壳牌石油、苹果电脑、骆驼牌香烟……这些国际品牌采用了世界上最为通俗的符号，使人们牢记它们的名字。

(1) 象形标志

象形标志，在具象标志的基础上开始简化，提炼特征形态符号，来传达企业的关键信息。

(2) 抽象标志

在众多标志中脱颖而出的方法，是留下一部分想象空间给观众，制造标志的好奇感。这究竟是什么？是不是这个或那个意思呢？在人们无法猜透的时候，标志的形象就悄悄溜进了记忆深处。

3. 文字出发

文字标志是标志设计中分量很重的一部分。字体设计充满了无限的魅力，而字体标志又将字体设计提高到符号传播学的高度。

标志从文字出发，是人们最早选择的一种标志设计方式。所看到的即是所读出的，声音与视觉达到统一，同时又具有识别性。文字标志是语音音素和语言的视觉化符号。文字源于图形，但在长期的演变过程中，逐渐倾向于表示音素的性质，比如英文。但汉字仍然保留有许多图形的特征。

图形标志胜在视觉吸引力，而文字标志胜在听觉与视觉结合。

拓展任务　制作工作证

● 任务说明

佳楠同学担任了学生会主席，她要给学生会制作值日检查用的胸卡，当然胸卡的设计任务还是交给了她最佩服的佟雪来办。具体要求如下：

1. 她使用 Word 为佟雪制作了一个初稿，上面标出了工作证上应有的信息；
2. 校名和背景楼的素材可以到学院网站上截图获得；
3. 不一定完全按照初稿样式布局，以美观为制作标准。

● 样稿效果

Word 制作的稿样

● 任务解析

从样稿上看，背景采用了简单的颜色渐变，画面有些死板，经过与佳楠沟通，佳楠也认为画面最好能“活跃”些，体现出大学生活泼向上的精神，佟雪决定采用红黄渐变替代样稿中的背景，将样稿中的背景建筑适当缩小，并降低位置；将部门、职务、姓名等证件信息，集中在画面中央位置，主次分明，重点突出。

● 任务攻略

步骤 1：Ctrl＋N新建文件。宽度 70 毫米，高度 100 毫米，分辨率 150 像素/英寸，背景内容设为背景色（前期将背景色设为黄色），其他默认。

步骤 2：新建图层 2，利用椭圆选框工具，制作 3 个椭圆形，填充浅黄色。

步骤 3：选择横排文字工具，设置字体为黑体，文字大小为 40 点，颜色为白色（ffffff)。输入“工作证”，设置当前图层样式为描边，描边大小为 2 像素，颜色为蓝色（♯0136cf)。

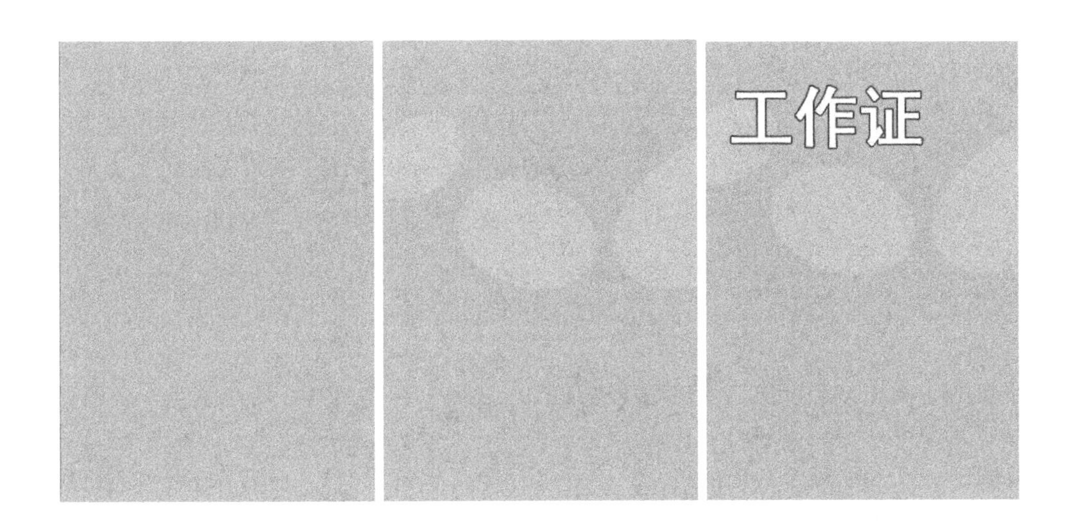

步骤 4：百度一下学院的院标，将截图图像复制到新建图层 3 上。

步骤 5：使用椭圆工具，剪除校标以外多余图像，调整合适大小后，放到相应位置。

步骤 6：新建图层 4，利用矩形选框工具，制作出一个宽 2 厘米，高 2.5 厘米的选区，为其描边，宽度为 1 像素，颜色为灰色（♯757683)，其他默认。

步骤 7：新建图层 5，选择横排文字工具，设置字体为黑体，文字大小为 13 点，颜色为黑色，分别输入“部门”、“职务”、“姓名”。

步骤 8：使用直线工具，选取像素模式，粗细设为 1 像素，前景色设为黑色，在其文字后方画下划线。

步骤 9：到学院网站页面上截取学院校名的图像，复制到新建图层上。

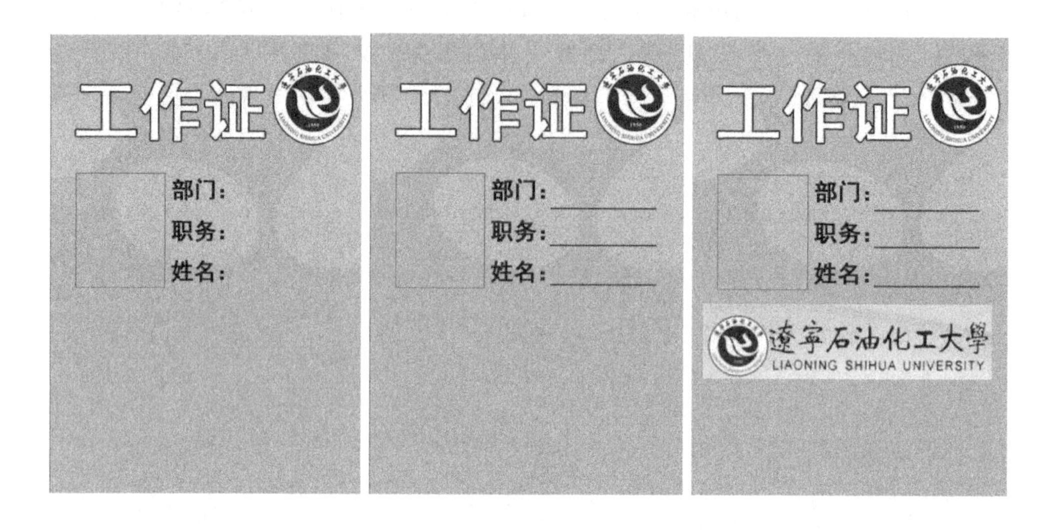

步骤 10：剪出多余图像，使用魔棒选取校名区域，新建图层，填充黑色，将图像移动到图像底部。

步骤 11：为校名配上白色的英文名字，使用矩形选框工具，在底部画出一个矩形，填充红色，做为校名的背景。

步骤 12：到学院网站页面上截取信控学院主教学楼的图像，复制到新建图层上。

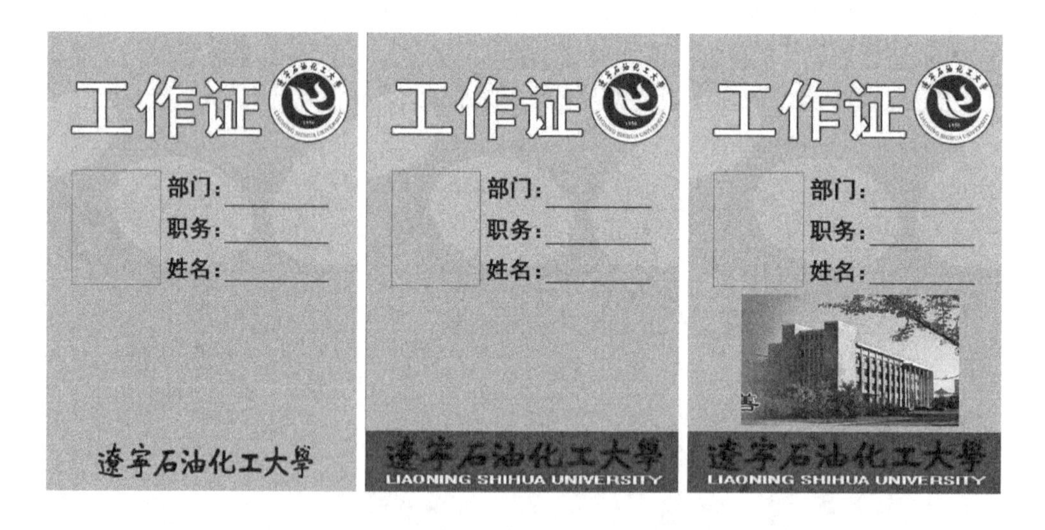

步骤 13：使用多边形套索工具，剪除主楼以外图形，调整图形大小，放置于校名上方合适位置。

步骤 14：选择横排文字工具 T，设置字体为楷体，字体大小为 20 点，字体颜色为白色，输入“信控学院”。

步骤 15：设置字体为行楷，字体大小为 26 点，颜色为红色，输入“学生会”。为“学生会”字体图层添加外发光效果。至此完成第一稿设计任务。

完成效果

任务反馈

佳楠对这次的设计作品非常满意，她觉得远远好于用 Word 制作的效果，可是学生会的其他人却提出了不同的看法，他们认为作品还存在以下几个问题：

1. 主颜色为黄色，显得老旧沉闷，希望修改成明快一点色调的；
2. 工作证三个证过于正统，有点多余，希望去掉。

修改攻略

步骤 1：隐藏黄色背景图层，在其上新建图层，填充从绿色到白色的线性渐变。

步骤 2：适当调整三个椭圆图像的色相/饱和度，使之与背景协调。

步骤 3：继续调整校名及学院名称的红色背景的色相/饱和度，使之与背景协调。

步骤 4：隐藏工作证所在图层，移动校标至起始位置。

步骤 5：复制校名图层，移动到校标附近位置，调整大小。

步骤 6：设置发光效果（白光）。

● 第二稿完成效果

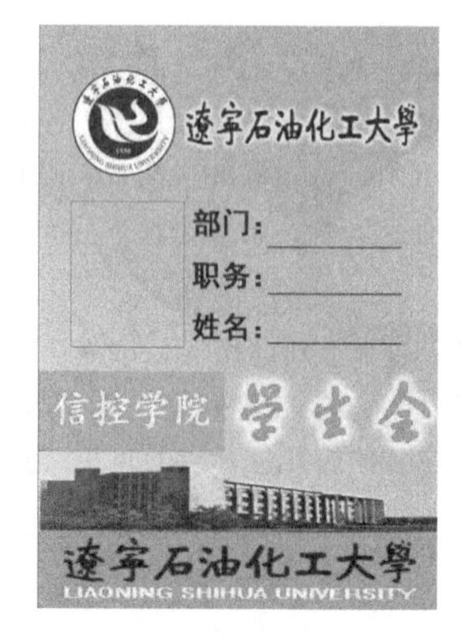

● 任务反馈

大多数学生会成员认可了此次修改方案，同时也提出，最好再拿出一套蓝色的方案，对照一下再确定最终方案。

● 修改攻略

参照上次修改攻略，最终结果如下：

● 实践结果

最终，经过大家一致推选，确定了蓝色色调的设计方案，并最终印制塑封，最终效果如下图所示：

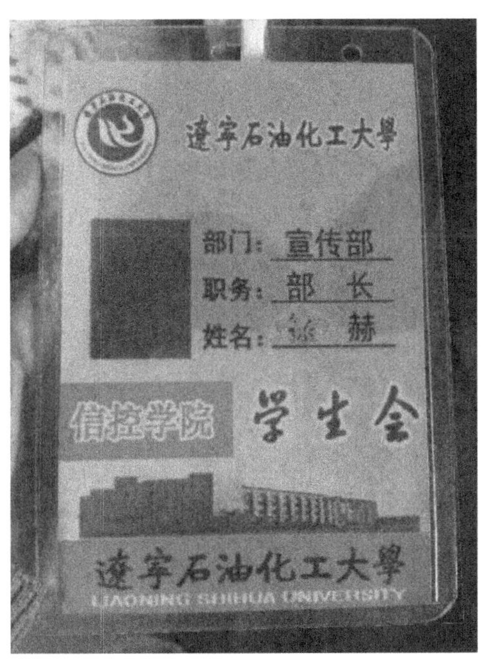

附录1 图形文件格式大全

一、BMP格式

BMP是英文Bitmap（位图）的简写，它是Windows操作系统中的标准图像文件格式，能够被多种Windows应用程序所支持。随着Windows操作系统的流行与丰富的Windows应用程序的开发，BMP位图格式理所当然地被广泛应用。这种格式的特点是包含的图像信息较丰富，几乎不进行压缩，但由此导致了它与生俱生来的缺点——占用磁盘空间过大。所以，目前BMP在单机上比较流行。

二、GIF格式

GIF是英文Graphics Interchange Format（图形交换格式）的缩写。顾名思义，这种格式是用来交换图片的。事实上也是如此，21世纪80年代，美国一家著名的在线信息服务机构CompuServe针对当时网络传输带宽的限制，开发出了这种GIF图像格式。

GIF格式的特点是压缩比高，磁盘空间占用较少，所以这种图像格式迅速得到了广泛的应用。最初的GIF只是简单地用来存储单幅静止图像（称为GIF87a），后来随着技术发展，可以同时存储若干幅静止图像进而形成连续的动画，使之成为当时支持2D动画为数不多的格式之一（称为GIF89a），而在GIF89a图像中可指定透明区域，使图像具有非同一般的显示效果，这更使GIF风光十足。目前Internet上大量采用的彩色动画文件多为这种格式的文件，也称为GIF89a格式文件。

此外，考虑到网络传输中的实际情况，GIF图像格式还增加了渐显方式，也就是说，在图像传输过程中，用户可以先看到图像的大致轮廓，然后随着传输过程的继续而逐步看清图像中的细节部分，从而适应了用户的“从朦胧到清楚”的观赏心理。目前Internet上大量采用的彩色动画文件多为这种格式的文件。

但GIF有个小小的缺点，即不能存储超过256色的图像。尽管如此，这种格式仍在网络上大量应用，这和GIF图像文件短小、下载速度快、可用许多具有同样大小的图像文件组成动画等优势是分不开的。

三、JPEG格式

JPEG也是常见的一种图像格式，它由联合照片专家组（Joint Photographic Experts Group）开发并命名为“ISO 10918-1”，JPEG仅仅是一种俗称而已。JPEG文件的扩展名为.jpg或.jpeg，其压缩技术十分先进，它用有损压缩方式去除冗余的图像和彩色数据，获取极高压缩率的同时能展现十分丰富生动的图像，换句话说，就是可以用最少的磁盘空间得到较好的图像质量。

同时 JPEG 还是一种很灵活的格式，具有调节图像质量的功能，允许你用不同的压缩比例对这种文件压缩，比如最高可以把 1.37MB 的 BMP 位图文件压缩至 20.3KB。当然完全可以在图像质量和文件尺寸之间找到平衡点。

由于 JPEG 优异的品质和杰出的表现，它的应用也非常广泛，特别是在网络和光盘读物上，肯定都能找到它的影子。目前各类浏览器均支持 JPEG 这种图像格式，因为 JPEG 格式的文件尺寸较小，下载速度快，使得 Web 页有可能以较短的下载时间提供大量美观的图像，JPEG 同时也就顺理成章地成为网络上最受欢迎的图像格式。

四、JPEG2000 格式

JPEG 2000 同样是由 JPEG 组织负责制定的，它有一个正式名称叫做“ISO 15444”，与 JPEG 相比，它具备更高压缩率以及更多新功能的新一代静态影像压缩技术。

JPEG2000 作为 JPEG 的升级版，其压缩率比 JPEG 高约 30%左右。与 JPEG 不同的是，JPEG2000 同时支持有损和无损压缩，而 JPEG 只能支持有损压缩。无损压缩对保存一些重要图片是十分有用的。JPEG2000 的一个极其重要的特征在于它能实现渐进传输，这一点与 GIF 的“渐显”有异曲同工之妙，即先传输图像的轮廓，然后逐步传输数据，不断提高图像质量，让图像由朦胧到清晰显示，而不必像现在的 JPEG 一样，由上到下慢慢显示。

此外，JPEG2000 还支持所谓的“感兴趣区域”特性，你可以任意指定影像上你感兴趣区域的压缩质量，还可以选择指定的部分先解压缩。JPEG 2000 和 JPEG 相比优势明显，且向下兼容，因此取代传统的 JPEG 格式指日可待。

JPEG2000 可应用于传统的 JPEG 市场，如扫描仪、数码相机等，亦可应用于新兴领域，如网路传输、无线通讯等。

五、TIFF 格式

TIFF（Tag Image File Format）是 Mac 中广泛使用的图像格式，它由 Aldus 和微软联合开发，最初是出于跨平台存储扫描图像的需要而设计的。它的特点是图像格式复杂、存储信息多。正因为它存储的图像细微层次的信息非常多，图像的质量也得以提高，故而非常有利于原稿的复制。

该格式有压缩和非压缩两种形式，其中压缩可采用 LZW 无损压缩方案存储。不过，由于 TIFF 格式结构较为复杂，兼容性较差，因此有时你的软件可能不能正确识别 TIFF 文件（现在绝大部分软件都已解决了这个问题）。目前在 Mac 和 PC 机上移植 TIFF 文件也十分便捷，因而 TIFF 现在也是微机上使用最广泛的图像文件格式之一。

六、PSD 格式

这是著名的 Adobe 公司的图像处理软件 Photoshop 的专用格式 Photoshop Document（PSD）。PSD 其实是 Photoshop 进行平面设计的一张“草稿图”，它里面包含有各种图层、通道、遮罩等多种设计的样稿，以便于下次打开文件时可以修改上一次的设计。在 Photoshop 所支持的各种图像格式中，PSD 的存取速度比其它格式快很多，功能也很强大。由于 Photoshop 越来越被广泛地应用，所以我们有理由相信，这种格式也会逐步流行起来。

七、PNG格式

PNG（Portable Network Graphics）是一种新兴的网络图像格式。在1994年底，由于Unysis公司宣布GIF拥有专利的压缩方法，要求开发GIF软件的作者须交一定费用，由此促使免费的png图像格式的诞生。PNG一开始便结合GIF及JPG两家之长，打算一举取代这两种格式。1996年10月1日由PNG向国际网络联盟提出并得到推荐认可标准，并且大部分绘图软件和浏览器开始支持PNG图像浏览，从此PNG图像格式生机焕发。

PNG是目前保证最不失真的格式，它汲取了GIF和JPG二者的优点，存储形式丰富，兼有GIF和JPG的色彩模式；它的另一个特点是能把图像文件压缩到极限以利于网络传输，但又能保留所有与图像品质有关的信息，因为PNG是采用无损压缩方式来减少文件的大小，这一点与牺牲图像品质以换取高压缩率的JPG有所不同；它的第三个特点是显示速度很快，只需下载1/64的图像信息就可以显示出低分辨率的预览图像；第四，PNG同样支持透明图像的制作，透明图像在制作网页图像的时候很有用，我们可以把图像背景设为透明，用网页本身的颜色信息来代替设为透明的色彩，这样可让图像和网页背景很和谐地融合在一起。

PNG的缺点是不支持动画应用效果，如果在这方面能有所加强，简直就可以完全替代GIF和JPEG了。Macromedia公司的Fireworks软件的默认格式就是PNG。现在，越来越多的软件开始支持这一格式，而且在网络上也越来越流行。

八、SWF格式

利用Flash可以制作出一种后缀名为SWF（Shockwave Format）的动画，这种格式的动画图像能够用比较小的体积来表现丰富的多媒体形式。在图像的传输方面，不必等到文件全部下载才能观看，而是可以边下载边看，因此特别适合网络传输，特别是在传输速率不佳的情况下，也能取得较好的效果。事实也证明了这一点，SWF如今已被大量应用于WEB网页进行多媒体演示与交互性设计。此外，SWF动画是基于矢量技术制作的，因此不管将画面放大多少倍，画面不会因此而有任何损害。综上，SWF格式作品以其高清晰度的画质和小巧的体积，受到了越来越多网页设计者的青睐，也越来越成为网页动画和网页图片设计制作的主流，目前已成为网上动画的标准。

九、SVG格式

SVG是目前很火热的图像文件格式，它的英文全称为Scalable Vector Graphics，意思为可缩放的矢量图形。它是基于XML（Extensible Markup Language），由World Wide Web Consortium（W3C）联盟进行开发的。严格来说应该是一种开放标准的矢量图形语言，可让你设计激动人心的、高分辨率的Web图形页面。用户可以直接用代码来描绘图像，可以用任何文字处理工具打开SVG图像，通过改变部分代码来使图像具有互交功能，并可以随时插入到HTML中通过浏览器来观看。

它提供了目前网络流行格式GIF和JPEG无法具备的优势：可以任意放大图形显示，但绝不会以牺牲图像质量为代价；字在SVG图像中保留可编辑和可搜寻的状态；平均来讲，SVG文件比JPEG和GIF格式的文件要小很多，因而下载也很快。可以相信，SVG的开发将会为Web提供新的图像标准。

其它非主流图像格式如下。

1. PCX 格式

PCX 格式是 ZSOFT 公司在开发图像处理软件 Paintbrush 时开发的一种格式，这是一种经过压缩的格式，占用磁盘空间较少。由于该格式出现的时间较长，并且具有压缩及全彩色的能力，所以现在仍比较流行。

2. DXF 格式

DXF（Autodesk Drawing Exchange Format）是 AutoCAD 中的矢量文件格式，它以 ASCII 码方式存储文件，在表现图形的大小方面十分精确。许多软件都支持 DXF 格式的输入与输出。

3. WMF 格式

WMF（Windows Metafile Format）是 Windows 中常见的一种图元文件格式，属于矢量文件格式。它具有文件短小、图案造型化的特点，整个图形常由各个独立的组成部分拼接而成，其图形往往较粗糙。

4. EMF 格式

EMF（Enhanced Metafile）是微软公司为了弥补使用 WMF 的不足而开发的一种 Windows 32 位扩展图元文件格式，也属于矢量文件格式，其目的是欲使图元文件更加容易接受。

5. LIC（FLI/FLC）格式

Flic 格式由 Autodesk 公司研制而成，FLIC 是 FLC 和 FLI 的统称：FLI 是最初的基于 320×200 分辨率的动画文件格式，而 FLC 则采用了更高效的数据压缩技术，所以具有比 FLI 更高的压缩比，其分辨率也有了不少提高。

6. EPS 格式

EPS（Encapsulated PostScript）是 PC 机用户较少见的一种格式，而苹果 Mac 机的用户则用得较多。它是用 PostScript 语言描述的一种 ASCII 码文件格式，主要用于排版、打印等输出工作。

7. TGA 格式

TGA（Tagged Graphics）文件是由美国 Truevision 公司为其显示卡开发的一种图像文件格式，已被国际上的图形、图像工业所接受。TGA 的结构比较简单，属于一种图形、图像数据的通用格式，在多媒体领域有着很大影响，是计算机生成图像向电视转换的一种首选格式。

附录 2

PS常用快捷键汇编

功能类别	功能	快捷键
选择操作	全部选取	【Ctrl】+【A】
	取消选择	【Ctrl】+【D】
	重新选择	【Ctrl】+【Shift】+【D】
	羽化选择	【Ctrl】+【Alt】+【D】
	反向选择	【Ctrl】+【Shift】+【I】
	路径变选区	数字键盘的【Enter】
	载入选区	【Ctrl】+点按图层、路径、通道面板中的缩略图
滤镜操作	按上次的参数再做一次上次的滤镜	【Ctrl】+【F】
	退去上次所做滤镜的效果	【Ctrl】+【Shift】+【F】
	重复上次所做的滤镜(可调参数)	【Ctrl】+【Alt】+【F】
视图操作	显示彩色通道	【Ctrl】+【~】
	显示单色通道	【Ctrl】+【数字】
	放大视图	【Ctrl】+【+】
	缩小视图	【Ctrl】+【-】
	满画布显示	【Ctrl】+【0】
	实际像素显示	【Ctrl】+【Alt】+【0】
	向上卷动一屏	【PageUp】
	向下卷动一屏	【PageDown】
	向左卷动一屏	【Ctrl】+【PageUp】
	向右卷动一屏	【Ctrl】+【PageDown】
	将视图移到左上角	【Home】
	将视图移到右下角	【End】
	显示/隐藏选择区域	【Ctrl】+【H】
	显示/隐藏路径	【Ctrl】+【Shift】+【H】
	显示/隐藏标尺	【Ctrl】+【R】
	显示/隐藏参考线	【Ctrl】+【;】
	显示/隐藏网格	【Ctrl】+【"】
	贴紧参考线	【Ctrl】+【Shift】+【;】

续表

功能类别	功能	快捷键
视图操作	锁定参考线	【Ctrl】+【Alt】+【;】
	贴紧网格	【Ctrl】+【Shift】+【"】
	显示/隐藏"画笔"面板	【F5】
	显示/隐藏"颜色"面板	【F6】
	显示/隐藏"图层"面板	【F7】
	显示/隐藏"信息"面板	【F8】
	显示/隐藏"动作"面板	【F9】
	显示/隐藏所有命令面板	【TAB】
	显示或隐藏工具箱以外的所有调板	【Shift】+【TAB】
编辑操作	还原/重做前一步操作	【Ctrl】+【Z】
	还原两步以上操作	【Ctrl】+【Alt】+【Z】
	重做两步以上操作	【Ctrl】+【Shift】+【Z】
	剪切选取的图像或路径	【Ctrl】+【X】或【F2】
	拷贝选取的图像或路径	【Ctrl】+【C】
	合并拷贝	【Ctrl】+【Shift】+【C】
	将剪贴板的内容粘到当前图形中	【Ctrl】+【V】或【F4】
	将剪贴板的内容粘到选框中	【Ctrl】+【Shift】+【V】
	自由变换	【Ctrl】+【T】
	自由变换复制的像素数据	【Ctrl】+【Shift】+【T】
	删除选框中的图案或选取的路径	【DEL】
	用背景色填充所选区域或整个图层	【Ctrl】+【BackSpace】或【Ctrl】+【Del】
	用前景色填充所选区域或整个图层	【Alt】+【BackSpace】或【Alt】+【Del】
	弹出"填充"对话框	【Shift】+【BackSpace】
	从历史记录中填充	【Alt】+【Ctrl】+【Backspace】
图像调整	调整色阶	【Ctrl】+【L】
	自动调整色阶	【Ctrl】+【Shift】+【L】
	打开曲线调整对话框	【Ctrl】+【M】
	打开"色彩平衡"对话框	【Ctrl】+【B】
	打开"色相/饱和度"对话框	【Ctrl】+【U】
	去色	【Ctrl】+【Shift】+【U】
	反相	【Ctrl】+【I】
图层操作	从对话框新建一个图层	【Ctrl】+【Shift】+【N】
	以默认选项建立一个新的图层	【Ctrl】+【Alt】+【Shift】+【N】
	通过拷贝建立一个图层	【Ctrl】+【J】
	通过剪切建立一个图层	【Ctrl】+【Shift】+【J】
	与前一图层编组	【Ctrl】+【G】
	取消编组	【Ctrl】+【Shift】+【G】

续表

功能类别	功能	快捷键
图层操作	向下合并或合并连接图层	【Ctrl】+【E】
	合并可见图层	【Ctrl】+【Shift】+【E】
	盖印或盖印连接图层	【Ctrl】+【Alt】+【E】
	盖印可见图层	【Ctrl】+【Alt】+【Shift】+【E】
	将当前层下移一层	【Ctrl】+【[】
	将当前层上移一层	【Ctrl】+【]】
	将当前层移到最下面	【Ctrl】+【Shift】+【[】
	将当前层移到最上面	【Ctrl】+【Shift】+【]】
	激活下一个图层	【Alt】+【[】
	激活上一个图层	【Alt】+【]】
	激活底部图层	【Shift】+【Alt】+【[】
	激活顶部图层	【Shift】+【Alt】+【]】

参考文献

[1] 徐培育. Photoshop CS4 从入门到精通. 北京：机械工业出版社，2010.

[2] 朱丽静. Photoshop 平面设计【CS3 版】案例教程. 北京：航空工业出版社，2008.

[3] 沈大林. Photoshop CS2 图像处理案例教程. 北京：中国铁道出版社，2007.

[4] 卢正明. Photoshop 7.0 中文版实例教程. 北京：电子工业出版社，2004.